DeepSeek
一本通

成为AI时代超级个体

郭子璇 著

湖南文艺出版社 博集天卷
·长沙·

目 录

前言一　抓住 DeepSeek，这时代为你所用！　　　　001

前言二　AI 工具图鉴：为什么本书选择 DeepSeek
　　　　作为实操工具？　　　　007

Part 1　AI 向导：从 DeepSeek 看 AI

1.1　人工智能进化史：从感知世界，到协同创造！　　004

1.2　揭开 AIGC 的神秘面纱，了解它、应用它　　013

1.3　AI 的平民化：DeepSeek 的颠覆式崛起　　019

1.4　DeepSeek 快速上手指南：零门槛，人人可用！　　030

Part 2　解锁 24 小时助手：随时待命的支持者

2.1　知己知彼：AI 为什么能像人一样对话？　　048

2.2　AI 的工作流：Token 决定"理解力"和"记忆力"
　　　　　　054

2.3　AI 的指令：提示词有多重要　　062

2.4　提问公式："问得好"SOP　　066

1

Part 3 专属教练：DeepSeek 辅助高效学习

3.1　不止文本：AI 识别的多维应用，高效阅读整理专家　　096

3.2　第二大脑：链式思考 vs 思维树　　107

3.3　内容输出——用 DeepSeek 打造你的 AI 学习矩阵　　114

Part 4 AI 拍档：优化工作流的效率专家

4.1　创意驱动：激发灵感的伙伴　　138

4.2　提效中枢：结构化内容生成与规划　　145

4.3　数智引擎：AI 赋能职场决策　　151

Part 5 AI 伙伴：改变各产业

5.1　DeepSeek 如何重塑产业生态？　　172

5.2　DeepSeek：技术变革、生态重塑与全球 AI 格局的分水岭　　174

5.3　以教育行业、电商行业、传媒行业为例　　178

Part 6　AI 共生：时代的挑战与机遇

6.1　AI 共生的挑战　　　　　　　　　　　　202
6.2　AI 共生带来的机遇　　　　　　　　　　210
6.3　如何在 AI 共生时代保持竞争力？　　　　216

后记　浪潮之下，携手前行　　　　　　　221
附录 1　AI 世界趣味辞典　　　　　　　　　223
附录 2　DeepSeek 王炸组合　　　　　　　　235
附录 3　AIGC 国内常用工具导航　　　　　　244

前言一

抓住 DeepSeek，
这时代为你所用！

欢迎你打开这本干货满满的书。

在这个AI技术加速狂奔的时代，我们每个人都被裹挟进了一场史无前例的认知革命。或许你也曾有这样的困惑：每天打开手机，关于AI技术的新闻铺天盖地，可总觉得那些技术大佬使用的AI，和自己手里的好像根本不是同一种东西。"AI确实厉害，但和普通的我，究竟有什么关系？"

直到2025年1月20日，这个问题终于有了答案。

那天深夜，杭州的一座写字楼里灯火通明，一群开发者屏息凝神地盯着屏幕，伴随着最后一行代码的敲下，中国AI历史上一个里程碑式的时刻诞生了——DeepSeek-R1正式发布并完全开源！短短几小时内，全球开发者论坛便被"Chinese miracle"（中国奇迹）刷屏，随即掀起一场惊人的技术风暴：

- 发布48小时内，DeepSeek的用户增长曲线几乎垂直上升，服务器频繁爆满；
- 不到一周时间，DeepSeek强势超越ChatGPT，首次登顶美国区苹果App Store免费应用榜；
- 同一天，AI芯片巨头英伟达的股价暴跌近17%，市值一夜之间蒸发了近5890亿美元，创造了美股史上单日最大市值损失纪录。

DeepSeek的横空出世，不仅跨越了传统AI技术与普通人之间的认知鸿沟，更颠覆性地改变了我们的职场规则与生活方式。

如今，AI不再只是电影中遥远的黑科技，而是切实可用的职场利器。依托DeepSeek-R1卓越的推理能力和对中文场景的深度优化，每个人都能轻松驾驭这个强大的智能助手，瞬间拉开与竞争对手的效率差距。

欢迎来到DeepSeek时代——掌控AI，就是掌控未来！

一、AI新革命：跨越认知鸿沟

杭州私募基金经理张涛曾因未能准确识别中文财报中的关键数据而险些遭受巨额损失。然而，当他使用DeepSeek重新分析财报后，准确率立即提升了23%，且分析报告中清晰地标注出了风险点，这让他及时避免了巨大损失。可见AI工具的真正价值在于精准、高效地识别和理解实际问题，而AIGC（人工智能生成内容）技术在分析领域显著拉开了人与人之间的认知差距。

但AI并非完美无缺的。根据《麻省理工科技评论》的报道，某些AI

算法由于数据集本身存在缺陷，比如将健康儿童的胸部扫描图像纳入新冠感染的诊断模型训练中，导致算法错误地识别出"儿童"，而非真正的疾病特征。这说明AI的表现高度依赖于数据的质量与训练方法。AI本身并非万能的，它的应用效果始终取决于数据质量与训练方法。

因此，AI时代的生存法则是：会用工具的是新手，懂得规避风险的是高手，而能调教AI的才是王者。

二、倍速时代：进化，还是被淘汰？

乌克兰教育科技初创公司Headway通过Midjourney和HeyGen等AI工具，在2024年上半年实现了33亿次广告曝光，投资回报率提升40%，同时明显降低了营销成本。同样，拥有塔可钟、必胜客和肯德基的Yum! Brands，借助AI个性化邮件营销，大幅提升了客户互动和购买转化率。这些成功案例表明：精准应用AIGC技术不仅能够突破传统创意的局限，还能快速、准确地满足目标受众的需求，全面提升营销效率。

上海一家4A广告公司总监李薇不得不裁掉5名文案，不是因为他们表现不佳，而是一位新人利用DeepSeek，仅用2小时就创造了500条高质量广告语，转化率提升40%。广州某外贸公司进行的实验更加直观：AI组与传统组分别处理100封英文询盘，AI组仅耗时11分37秒，成交率达42%；传统组则耗费3小时，成交率仅为15%。

权威数据显示，2024年使用AI工具的职场人士工作效率平均提升217%。面对这样的现实，试想一下，当有人用DeepSeek在1小时内完成你3天的工作量时，你的竞争力又在哪里？在这个倍速时代，进化不是选择，而是入场规则。

三、精准驾驭AI，成就超级个体

根据《哈佛商业评论》报道，AI时代竞争力的公式是"基础技能×工具效率"，这意味着，当能力相近时，能够熟练使用AI工具的人将迅速提升竞争力，实现个人价值的指数级增长。

知名自由撰稿人贝丝·马尔卡斯原本需要数天才能完成的高质量长文，通过ChatGPT的辅助，如今不到一小时即可完成，她的生产效率和收入均显著提升。美国软件公司Coda的一位高级产品经理埃文·约翰斯顿，他通过AIGC技术，仅用几分钟便生成了以往需要数小时才能完成的详细项目计划和报告，使他在公司内部迅速脱颖而出。

而在创业领域，美国青年企业家贾斯汀·马雷斯利用ChatGPT迅速创建健康食品独立电商"Kettle & Fire"，借助AI生成的SEO（搜索引擎优化）内容、产品描述和营销邮件，在短短一年内实现销售额超700万美元，效率远超传统团队作业模式。

在国内，北京一位宝妈依靠DeepSeek的"错题本智能分析"功能，将孩子的数学成绩从65分提高到98分；深圳"95"后创业者王昊利用AI独立操盘跨境电商销售多个品类的商品，年净利润高达800万。

这些案例共同传递出一个清晰的信息：精准、高效地运用AI工具，每个人都有机会突破自身局限，实现跨越式成长。在AI时代，成为超级个体触手可及。

四、这不是一本AI"畅想录"，而是一份硬核实战手册！

你或许听过无数关于AI改变世界的宏大叙事，却总被烦琐的技术名词弄得头昏脑涨；你也可能尝试过各种所谓"提问技巧"，却始终无法理解提问背后的逻辑，以致即使复制粘贴也无法获得理想的效果；甚至你可能也曾踩过AI工具的坑：合同遗漏法律条款引发纠纷，"有机食品"被误译为"有机器材"，客户投诉，订单泡汤……

我们不会告诉你空洞的理论，也不会兜售表面的攻略。我们关心的是如何真正驾驭AI——让AI真正为你所用。经验告诉我们：使用AI容易，但精准使用AI才是竞争的关键。

因此，我们选择DeepSeek作为你通往AI世界的向导，通过清晰易懂的方式，带你掌握AI背后的底层逻辑。从了解AI、使用AI，到精准调教AI，使它真正理解你的意图，准确满足你的需求，成为你职场、学习道路上的强大助手。

你无须成为AI工程师，只需使用有效的提问技巧，就能轻松驾驭DeepSeek。无论你是职场人士、创业者、宝妈还是学生，本书都会用最简单、最直接的方法，让你快速掌握AIGC的核心技能，轻松实现以下目标：

· 趣味科普——以轻松易懂的方式，通过DeepSeek深入了解AI及AIGC，专门针对中国用户，详细对比当前主流AI大语言模型，帮助你轻松理解并掌握AI工具的底层逻辑。

- 场景覆盖——结合职场办公、新媒体创作、教育培训等多个热门领域的真实案例，无论你是职场人士、学生，还是自媒体创作者，都能找到适合你的AI实战技巧。
- 实战导向——由浅入深，从新手到高手，黄金提问公式 + 实战Prompt（提示词）模型，即学即用，快速提升你的AI技能，让你迅速成为AI应用高手。
- 进阶指南——全书分为起步阶段、优化阶段和突破阶段，共计6个章节，循序渐进地帮助你全面提升在AI时代的个人竞争力。
- 前沿趋势——带你探索AI未来发展趋势，指导你安全高效使用AI工具，全景解析智能时代的新机遇，助你抢占时代红利。

记住：在AI时代，跑得慢不是错，不肯跑是原罪。本书在这里给大家挖一个坑，Part 6会讲到AI时代我们需要培养的主要能力，希望大家看到Part 6的时候，检查一下自己是否通过学习+实操，已经走在了通关的路上！

前言二

AI 工具图鉴：为什么本书选择 DeepSeek 作为实操工具?

本书的核心不是讲解 DeepSeek，而是通过它，帮助大家掌握AI时代的核心竞争力。在人工智能的浪潮中，我们不仅要学会使用工具，更要理解它们的能力边界，进而真正驾驭 AI。

AI 大语言模型 vs AI 智能体：工具与助手的终极对决

人工智能的进化，正沿着两条截然不同的路径前行：AI大语言模型（LLM）和 AI智能体（AI Agent）。它们既有交集，又在设计理念和应用场景上泾渭分明。

DeepSeek：典型的AI大语言模型，擅长语言理解与生成，类似一个"万能工具箱"，为用户提供各种强大的AI能力，如文本生成、翻译、摘要等，其最新版本 R1 拥有 6710 亿参数，展示了强大的推理和语言处理能力。该模型已开源，并可通过网络、应用程序和 API 访问。

007

Manus：AI智能体，更像一个"智能助手"，不仅能提供建议，还能主动执行任务，实现从"想法"到"行动"的闭环，能够自主完成各种任务。更接近人类的思维和行为模式，具备超强的学习能力和适应性。适用于教育、客服等高交互场景。

DeepSeek vs Manus：核心对比

维度	DeepSeek（AI 大语言模型）	Manus（AI 智能体）
核心定位	大规模预训练语言模型	任务导向的 AI 系统
功能重点	通用性、多任务处理	执行特定任务、交互性强
模型规模	超大参数量，适合复杂任务	参数量适中，优化轻量级任务
应用方式	提供基础能力，需用户微调	面向用户，提供完整解决方案
交互性	低，偏向底层模型	高，强调用户体验与实时互动
适用场景	企业级应用、专业领域	个人用户、教育、客服等
技术架构	基于 Transformer 训练的大模型	可能基于大模型，但集成更多功能模块

简单来说 DeepSeek 和 Manus 的区别就是"工具"和"助手"：

DeepSeek 是一个"万能工具箱" —— 提供了各种工具（如文本生成、翻译、摘要等），但需要你自己决定如何使用这些工具。

Manus 是一位"贴身助理" —— 它能理解你的需求，自动执行任务，比如回答问题、推荐学习资料，甚至制订学习计划，无须你手动调整参数。

打个比方，在教育场景中：

· DeepSeek 提供大量学习资源，帮助学生理解概念，但需要学生主动查找和整理信息。

· Manus 则直接回答问题、定制学习路径，甚至提供个性化辅导,让学习更加高效。

那么本书为什么选择 DeepSeek 作为实操工具？尽管 Manus 可能是未来趋势,但截至本书创作的时候,它还在内测阶段,且风评两极分化。此外,掌握AI技能的关键在于"会用工具",AI智能体固然能提高便捷性,但如果能熟练掌握AI大语言模型,你便不仅能自己高效完成任务,还能更好地指挥"智能助手"！

国产 vs 国际

同为大语言模型,国产新秀DeepSeek与国际老牌ChatGPT可以说都上过巅峰。下面我们在实际应用层面帮大家详细对比DeepSeek与ChatGPT在核心功能与应用定位、具体应用场景、优势与局限性等方面的不同,助你对你的搭档有个全面了解！

1. 核心功能与应用定位

对比项	DeepSeek	GPT（ChatGPT）
核心定位	知识检索 + AI 生成,强调精准信息获取与深度整合	泛化 AI 助手,擅长自然语言生成、创意写作
基础模型	可能结合搜索引擎、知识库与生成式 AI	以大规模语言模型为核心,依赖训练数据
内容生成	强调事实性与逻辑性,适合精准内容	强调流畅性与创造力,适合开放式创作
交互方式	结构化问答,信息导向型	自由对话,适合多轮互动
数据更新	可能具备实时数据获取能力	知识更新受限于训练时间,需要新版本迭代

2. 具体应用场景

应用领域	DeepSeek 适用场景	GPT（ChatGPT）适用场景
学术研究	适合搜索论文、提取关键信息、整合学术数据	适合论文摘要、学术润色、文献综述
代码编写	适合代码搜索、技术解析	适合代码生成、调试建议
内容创作	适合专业性写作，如数据驱动的文章写作	适合创意写作，如小说、广告文案的写作
商业应用	适用于市场调研、数据分析、行业报告	适用于品牌营销、商业文案
语言翻译	更关注专业领域术语的准确性	适合流畅表达，对上下文的理解力较强
决策辅助	结合多方数据，适合精准推荐	适合提供多角度思考建议
知识问答	强调事实性、精准信息	适合日常问答，但可能缺乏实时性

3. 优势与局限性

维度	DeepSeek 优势	DeepSeek 局限性	GPT（ChatGPT）优势	GPT（ChatGPT）局限性
信息准确度	结合搜索，获取实时、精准信息	可能依赖搜索质量，受数据来源影响	训练数据广泛，能提供综合性解答	知识更新受限，可能会捏造信息
创意写作	逻辑性强，适合专业性写作	文学性表达可能较弱	擅长自由写作、情境化表达	可能生成重复或模板化的内容
多轮对话	更偏向精准问答，交互较直接	对话流畅度可能不如 GPT	适合开放式聊天与深入讨论	有时会逻辑混乱或重复
代码生成	适合技术文档与代码优化	代码生成能力可能弱于 GPT	代码生成能力强，适合开发者	可能生成低效或错误代码
适用人群	科研人员、开发者、专业人士	不适合创意性工作	作家、营销人员、学习者	需要用户具备一定的判断力

4. 选择指南：你适合用哪个？

你的需求	DeepSeek 适合	GPT（ChatGPT）适合
需要精准的事实性信息	√	×（GPT 可能会"编造"）
进行深度研究、学术写作	√（结合搜索，信息更准确）	√（适合润色、总结论文）
想要代码搜索、技术解析	√	√（但 GPT 更适合代码生成）
进行创意写作(小说、广告)	需要准确引导	√
希望 AI 进行深度对话	需要准确引导	√（GPT 在对话交互上更流畅）
数据分析、市场研究	√	√（更适合数据解读）

因此 DeepSeek 可以让我们获得更精准、专业、实时的信息，可以满足我们学习和工作的绝大多数应用场景。

国内主流模型图景

那我们再了解一下国内主流的 AI 大语言模型对比：

维度	DeepSeek	文心一言	KIMI	讯飞星火	豆包（MarsCode）
反应速度	快	中等	快	极快	中等
用户体验	专业用户友好	大众用户友好	个人用户友好	语音交互友好	教育用户友好
适用场景	企业级	通用	个人助手	语音、翻译、教育	教育
逻辑性	强	较好	中等	强	较好
文本处理	强	优秀	中等	较强	较好
插件/案例	支持插件和定制提示词	丰富案例和提示词	轻量级插件	语音插件和案例	教育案例和提示词
多模态	中等	较强	较弱	优秀	较弱
上传文档	支持	支持	支持	支持	支持
搜索	精准	较强	中等	较强	较好
API 付费	高	中等	低	中等	低
特色	企业级高精度	接入百度搜索	超长文本处理；上下文	语音交互；多模态	教育领域专注

由此可见，DeepSeek是国内主流AI语言大模型中的佼佼者，具有强大的扩展性，适合企业级复杂应用。它的功能基本可以覆盖我们需要的各种场景。

因此，在众多大语言模型中，我们选择 DeepSeek 作为实操工具，主要基于以下三大核心优势：

- 超强逻辑推理能力，免费提供接近 GPT-4o 的推理能力，尤其在数学、编程、市场分析等复杂任务上表现卓越。
- 在中文环境下，DeepSeek的专业领域（如金融、法律、医疗）处理能力尤为突出。
- 支持多模态处理，能够处理文本、图像等多种数据类型。

逻辑推理王者+中文极度友好+性价比爆炸——用它当我们AI世界的敲门砖吧！

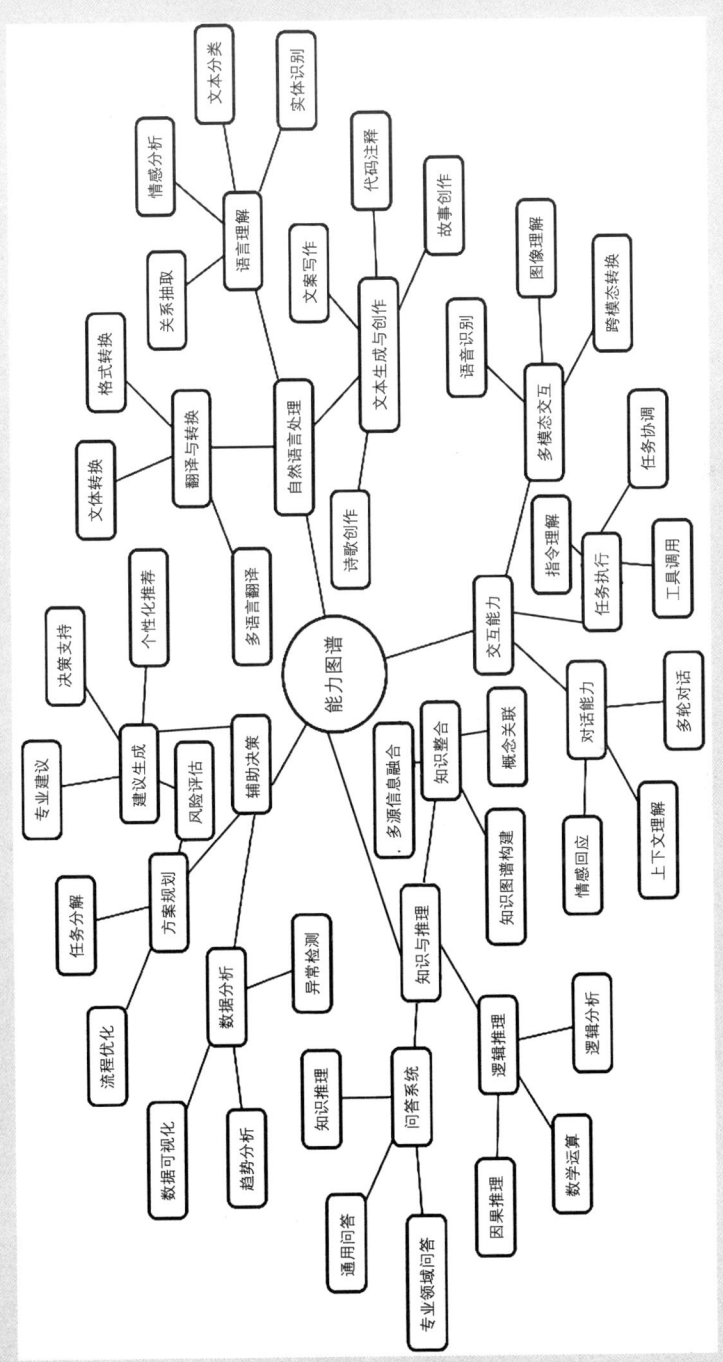

(图片引用自：清华大学"DeepSeek：从入门到精通"手册)

013

Part1

AI 向导:
从 DeepSeek
看 AI

想真正掌握 DeepSeek，首先要明白一个事实——

人工智能的进化，并不是一蹴而就的，而是经历了从"AI 感知世界"到"协同创造世界"的技术狂飙！所以我们通过以下 3 个步骤，来揭开 AI 的神秘面纱。

"与我有关"的 AI 进化史，掌握大模型的底层逻辑！

从图灵测试到 ChatGPT，从 CNN 视觉识别到 Transformer 语言理解，AI 早已不是冷冰冰的代码，而是一台高效运转的"智能引擎"。如果你不了解 AI 如何思考、如何推理，就很难真正驾驭它。新闻里我们听说了很多 AI 发展的故事，但是那些晦涩的名词，哪些是与我们有关的呢？

读懂 AIGC 规则，弄清 AI 生成的底层逻辑！

为什么 AI 生成的文章有时像大师手笔，有时却漏洞百出？为什么 AI 画出来的图像惊艳绝伦，但在某些细节上又充满"幻觉"？理解 AIGC 的工作机制，才能让 AI 成为你的创造力，而不是一堆随机输出的乱码。

解构 DeepSeek-R1，测评一下它的功能性！

DeepSeek-R1 不是普通的 AI 模型，而是一台专为推理密集型任务打造的"逻辑引擎"。

- 比拼推理，DeepSeek "硬刚" GPT-4o！
- 在数学、编程、科研领域，DeepSeek 比竞品更懂思考！
- 知识管理、文档分析、智能问答，全方位助力高效办公！

你，
准备好了吗？

1.1 人工智能进化史：
从感知世界，到协同创造！

你是否曾经问过自己——机器能像人类一样思考吗？

1950年的某个午后，在伦敦的一间书房里，阿兰·图灵（Alan Turing）坐在书桌前，思考了一个看似疯狂的问题：如果机器能够模拟人类的思维，它能否在某一天，拥有与我们相等的智慧？这一刻，人工智能的种子悄然在图灵的心中发芽，他提出了图灵测试（Turing Test），作为判断机器是否具备智能的标准，这一理论成为AI研究的起点。

1956年，在达特茅斯会议上，"人工智能"这一概念正式被提出，标志着AI研究从此进入学术阶段，开启了一个全新的科学领域。

自此，随着时间的推移，AI的成长经历了三次巨浪：

1. 第一次浪潮（1956—1980）—— 萌芽与探索

1956年的达特茅斯会议标志着AI的诞生，科学家们尝试通过逻辑推理和符号操作赋予机器智能，开发了早期专家系统如ELIZA和DENDRAL，但受限于计算能力和数据量，AI更像"尚未学会爬行的婴儿"，更多停留在实验室里。

2. 第二次浪潮（1980—2000）—— 积累与沉淀

互联网的发展和计算能力的提升为AI注入新动力，AI终于学会"走路"了。专家系统在医疗、金融等领域落地,神经网络和统计学习方法崭露头角,搜索引擎、语音助手等工具开始进入生活,但仍局限于工具属性,而非真正的智能体,最终因复杂问题处理能力不足进入第二次AI寒冬。

3. 第三次浪潮(2006年至今)——爆发与腾飞

深度学习、大模型接连登场,AI不再只是"思考",它已经能看、听、读、写、画、编程,甚至参与科学发现(如预测蛋白质结构、发现新材料),成为最强的生产力工具,重塑全球创造力。AlphaGo、自动驾驶、多模态AI等的应用标志着AI从工具向智能体转变,技术潜力仍在持续释放。

因此,AI的三次浪潮分别以逻辑推理、专家系统和深度学习为标志,每一次都推动了技术进步,但也面临局限。当前第三次浪潮仍在腾飞,AI正以前所未有的方式改变世界。

那么,哪些关键时刻真正改变了我们和AI的关系?哪些关键技术给人类的生活带来巨大的改变?

不难发现,AI关键技术的突破,大体可以把AI与人类的关系分为两个步骤——AI可以"感知理解世界"和AI协同"生成创造世界"。

AI觉醒:学会感知世界

1997年5月11日,IBM深蓝(Deep Blue)击败国际象棋世界冠军卡斯帕罗夫,这是AI第一次在复杂推理任务上战胜人类,标志着人工智能正式踏入智慧的竞技场。然而,尽管深蓝能够精准计算出每一步棋局的最优解,它依旧只是个"计算怪兽"——不会思考,不懂语言,更无法理解这个世界的真实面貌。此时的AI,就像一个刚刚睁开眼睛的婴儿,对世界充满好奇,却仍然懵懂无知。

2012年起，AI开始学会"看见"世界！

这一年，一场AI视觉革命爆发！在全球顶级图像识别竞赛ImageNet上，杰弗里·辛顿领导的团队推出了AlexNet——一款基于深度神经网络（DNN）的视觉模型。在此之前，AI连分辨一只猫都勉强，识别准确率不足50%，但AlexNet的深度神经网络，让计算机视觉能力得到了一个数量级的提升，AI不再是盲目的数据计算者，它的"眼睛"睁开了，AI真正学会了"看"世界：

图像识别能力大幅提升——AI识别图片中的物体，准确率飙升到85%以上。

计算机视觉技术崛起——AI终于能区分猫和狗，甚至识别人脸、道路、物品。

应用场景爆发——从医学影像诊断到自动驾驶，AI视觉技术成为现实世界的一部分。

与此同时，AI也在学习"听懂"世界！

在2010年代初期，语音识别技术迎来了决定性突破。深度学习算法让AI能够更精准地理解人类语言，让机器从"听个响"进化到真正能听懂你在说什么。

- 2006—2012年，深度学习进入语音识别领域，语音转文字（ASR）准确率飙升，AI开始听懂人类的发音。
- 2011年，Siri横空出世，苹果首次将AI语音助手带入全球用户的日常生活。
- 2012—2014年，谷歌（Google）、微软等科技巨头纷纷加码，语音识别进入实用化阶段，AI终于能与人类进行基本对话了。

但仅仅能"听"还不够，AI还需要理解语言的深层含义。在2017年，AI语言理解的"火种"被点燃！这一年，一篇划时代的论文——"Attention Is All You Need"（《注意力就是你所需要的全部》）发布，NLP（自然语言处理）迎来史诗级升级！谷歌Transformer的横空出世，取代传统RNN（循环神经网络）和LSTM（长短时记忆网络），AI终于迈入真正的语言理解时代。

- 2018年，BERT（Bidirectional Encoder Representations from Transformers）问世，AI终于能理解句子的上下文，不再是"逐词翻译"，而是像人类一样能读懂语义。
- 2020年，GPT-3 爆发，AI开始拥有强大的文本生成能力，不仅能理解，还能写作、编程，甚至模仿不同风格的表达。
- 2022年，ChatGPT 彻底破圈，AI成为全球每个人的数字助手，每天有数亿人在用它写报告、翻译文章、优化代码，甚至陪聊解闷！

从此，AI不再仅仅是一个被动执行指令的"工具"，而是进化为能够真正理解你并与你有效交流的"超级对话者"。

至此，AI的"世界观"初步形成。人工智能经历了从盲目计算到能够感知世界的进化过程，它具备了基本的"认知"能力——能看，能听，甚至能理解部分语言。然而，AI并未止步于此，它似乎有着更高的追求——开始尝试创造世界。

AI 伙伴：共同创造世界！

2014年的某个深夜，伊恩·古德费洛和朋友争论AI是否能真正"创造"出新事物。争论越来越激烈，他索性带着醉意回到宿舍，敲下了一行行代码。几个小时后，他的代码跑了起来——生成对抗网络（GAN）诞生了！从这一天起，AI不再只是一个"观察者"，它开始"无中生有"，化身为世界的创造者！

- AI能够生成逼真的人脸、绘画、音乐，甚至模仿艺术大师的风格，开创全新的创作方式。
- Deepfake 技术问世，AI换脸让真假难辨，影视、社交媒体迎来深刻变革。
- StyleGAN（2019）让AI生成比真人更真实的虚拟形象，被广泛用于电影、广告和游戏行业。

主要技术大事件

时间	技术突破	主要意义
2020	GPT-3 发布	AI 具备强大的文本生成能力，开启大模型时代
2021	DALL-E & CLIP（OpenAI）发布	AI 进入多模态阶段，可实现"看图说话""文本生成图像"
2021	AlphaFold 2 解决蛋白质折叠问题	AI4S（AI for Science）突破，推动生命科学研究
2022	ChatGPT（GPT-3.5）发布	AI 进入全民可用时代，AI 聊天助手成为现实
2023	GPT-4 发布	AI 具备更强推理能力，可实现多模态（文本+图像）融合
2023	Gemini 1.0（Google）发布	AI 竞争进入 Google vs OpenAI 阶段，多模态成为主流
2024	GPT-4o 发布	AI 进入低延迟、高效能时代，人机交互更自然
2025	DeepSeek-R1 发布	国产 AI 进入全球竞争，在推理、数学、编程等任务上追赶 GPT-4o

ChatGPT 的横空出世，使AI彻底"破圈"！AI变成了每个人的"超级助手"，从写作、编程、翻译到聊天陪伴，无所不能。AI生成内容彻底颠覆内容行业，小说、剧本、广告文案，AI都能信手拈来。

而国产AI DeepSeek-R1 正面挑战 GPT-4o，让AI进入低成本、高效能的全民时代！AI生成能力再度进化，人工智能不再是少数科技巨头的专属，而是成为每个人手中的创造力引擎！

AI，不再只是工具，而是人类最强的创作伙伴。从艺术到科学，从商业到生活，我们正进入一个"人机共创"的新时代！

AI 应用：我们处在怎样的时代

从感知世界到创造世界，人工智能已然以指数级的速度改变我们的生活。或许你已经习惯了用AI写作、编程、生成图片，但这只是个开始！未来，AI将颠覆科学，重塑个体生产力，甚至带我们迈向一个全新的智能时代，我们可以合理推测：

趋势	可能影响
多模态 AI 发展 （文本+图像+音频+视频）	彻底改变内容创作、数据分析、科学研究等领域
AI4S（AI for Science）突破	AI 发现新材料、优化新能源、推动生物医学进展
AI 个人助理时代	AI 助手成为日常工具，每个人都能拥有自己的 AI
通用人工智能（AGI）研究	AI 是否能真正"思考"，仍是未来最大悬念

不难看出，AI for Science正在彻底颠覆科学研究！AlphaFold 2 让蛋白质结构预测变得精准高效，加速了新药研发进程；AI还推动新材料、新能源的突破，为清洁能源和电池技术带来变革，助力可持续发展；甚至在宇宙探索领域，AI也正在帮助人类破解星际奥秘，揭开宇宙深处的

未解之谜。

与此同时,"超级个体"时代正在加速到来!未来,每个人都可能拥有一个AI影分身,它能协助写作、分析、管理事务,甚至自动赚钱。会用AI的人,生产力将是普通人的 10 倍,甚至 100 倍!对知识工作者、创作者、企业家来说,AI既是最强助手,也是一个全新的增长引擎。

那么,终极问题来了——AGI时代会不会到来?如果 AGI 时代到来,AI是否真的能拥有"意识",像人类一样思考、创造,甚至做梦?未来,它会成为独立的"数字生命",还是仅仅是更高级的工具?当AI进化到一个全新阶段时,人类又将如何面对这场前所未有的技术抉择?

AI 筛选:大小模型之战

在AI时代,"大模型 vs 小模型"之争从未停止。到底该选择计算力惊人的"大模型",还是更轻量高效的"小模型"?你的AI需求决定了答案!

如果把AI比作一支乐队,大模型就像是交响乐团,庞大的乐器编制、丰富的层次,能演奏复杂的交响乐;而小模型则像是一支三人乐队,虽然规模小,但轻巧灵活,能快速适应不同场景。

那么,大模型和小模型究竟有哪些区别?如何选择最适合自己的AI?接下来,我们就来拆解AI模型的大小之争,看看它们的核心区别是什么。

对比维度	AI 大语言模型	AI 小模型
参数规模	百亿级至千亿级参数(极其庞大的神经网络,处理复杂任务)	亿级参数(相对轻量,更快响应)
代表性模型	GPT-4、Claude 3、DeepSeek-V2、Gemini 1.5、LLaMA 3-70B	ChatGLM-6B、LLaMA2-7B、DeepSeek-Coder-7B
计算资源	需要超强算力(依赖 GPU/TPU,高能耗)	资源消耗低(适用于本地或移动设备)

续表

对比维度	AI 大语言模型	AI 小模型
数据处理能力	适用于大规模数据（超大语料库支撑，理解力更强）	适用于特定任务（针对性优化，运行效率高）
任务复杂度	擅长推理、逻辑分析、创意内容生成	更适合轻量级 NLP、任务型对话、语音助手
训练时间	训练时间以月计，成本高昂	训练时间较短，更易部署
精度 & 泛化能力	能够处理更复杂的问题，泛化能力强	对特定任务优化后，能在特定领域表现优异

简单来说：

√ 如果你的任务需要强大的计算能力、处理海量数据、进行深度推理——大模型是最佳选择。

√ 如果你关注的是响应速度、轻量级应用、设备端运行——小模型更加实用。

你可能听说过"AI的能力取决于参数量"，但参数到底是什么？

· 你可以把参数想象成AI的"神经元权重"，决定了它如何理解和处理数据。
· 参数越多，AI就越"聪明"，因为它的神经网络可以学习到更多复杂的模式。
· 但参数越多，计算成本也越高，需要更强的硬件支撑。

这里就不得不再次强调：为什么 DeepSeek 能成为国产AI黑马？

· DeepSeek-R1 是国产AI中的"推理大师"，擅长数学、代码、逻辑推理。

- DeepSeek-Coder-7B作为小参数量的代码专用模型,轻量但高效,特别适合本地部署。
- DeepSeek-V2 作为通用AI大语言模型,不仅懂中文,更懂中国人的思维方式,相比国际大模型在处理中文任务时更精准。

那么选择大模型还是小模型?如果你很纠结,不妨从以下3个决策维度考虑:

决策维度	适合大模型(如 DeepSeek-V2、GPT-4)	适合小模型(如 ChatGLM-6B、DeepSeek-Coder-7B)
任务需求	适用于复杂推理、长文本处理、代码生成	适用于日常对话、语音助手、轻量 NLP 任务
计算资源	需要强大算力支持(GPU/TPU),适合云端部署	可本地运行,适合移动端或私有服务器
成本 vs 效率	适合企业级应用、科研项目,可投资大算力	适合个人开发者、初创公司,成本低但高效

因此:

√ 如果你需要高计算能力、处理海量数据,选择大模型。

√ 如果你希望本地运行、成本可控,选择小模型。

那么未来AI发展的趋势是"大模型取代小模型"吗?不是的,是"大模型+小模型协同进化"!

大模型作为"云端智囊团",处理高复杂度任务,如AI研究、自动驾驶、智能医疗分析等。

小模型作为"本地执行者",嵌入手机、智能设备、企业应用中,实现更快响应、更低成本。

期待我们看到 DeepSeek 这样的国产AI继续优化大小模型的协同能力,让AI既强大又轻量!

1.2 揭开 AIGC 的神秘面纱，了解它、应用它

如今，各种关于AI的书籍和术语层出不穷，令人眼花缭乱，当然，感兴趣的也可以深度了解。但这里，我们不进行深奥的学术分析，我们假设大家作为普通人，需要用最简单、最直白的方式，了解那些与我们息息相关的概念，轻松掌握AIGC。

人工智能的不同层级：AI & AGI

AI，广义上的人工智能，指能够执行通常需要人类智能的任务的计算机系统，如图像识别、语音识别、自然语言处理等。

AGI，比当前的AI更进一步，具备像人类一样的泛化能力，能够自主学习、理解复杂任务，甚至创造新知识。AGI仍在探索阶段，被认为是AI发展的终极目标。

区别：与"窄人工智能"（Narrow AI）不同，AGI不仅仅在特定领域内表现出色，还是一种能适应并解决多种不同问题的智能。

AI 的不同应用类型：生成式 AI vs 决策式 AI

生成式AI——可以"创造"新内容的AI，比如 ChatGPT 生成文本、MidJourney 生成图片、Suno 生成音乐。生成对抗网络和大语言模型（如GPT系列、DALL-E）是生成式AI的代表技术，用于创作艺术、编

程、写作、图像生成等。

决策式AI——侧重于帮助做出决策，它能基于输入数据和模型预测结果，帮助人类做出最佳选择。用于分析数据、做出决策的AI，比如金融风控、医疗诊断、自动驾驶系统等。

不难看出，AIGC的应用已经广泛融入我们的日常生活，从文本、图片到音频和视频的生成，正在重塑我们工作和学习中的多种创作模式。那么，以下哪些场景最符合你的日常使用习惯呢？

1. AI生成文本

这是我们最常用也是最便捷的使用场景之一，AI文本的生成在搜索信息、代码生成、社交媒体、作品创作等方面，都已有非常广泛的应用，举例如下：

领域	应用案例	AI技术表现
代码创作维度	游戏开发者使用GitHub Copilot编写Unity引擎脚本，阿里云通义灵码在"双11"期间为淘宝重构代码	GitHub Copilot自动补全代码，生成调试流程图；阿里云通义灵码30分钟内生成97%基础代码，提供优化建议
文学叙事突破	微软小冰与春风文艺出版社合作推出《AI十四行诗·江南特辑》，豆包创作《天命使徒》群像戏	微软小冰实时生成评弹唱词音频；豆包生成包含多达27个角色的复杂剧情，涵盖多种角色特性和对话风格
媒体生产变革	新华社快笔小新在杭州亚运会期间的应用，第一财经DT稿王分析Q2财报	快笔小新2.8秒内生成多语言新闻稿，并生成社交媒体海报；DT稿王生成财经数据并用年轻化比喻吸引受众
社交内容进化	小红书美妆博主使用"笔记助手"生成化妆搭配指南，MCN机构利用Windsurf工具批量生成短视频脚本	"笔记助手"根据照片生成精确搭配指南，并嵌入热搜词；Windsurf工具生成97条差异化文案，涵盖数据化标题

这些创新应用不仅证明了AI文本生成技术从辅助工具到创意伙伴的转变，也重新定义了内容生产的效率和创造力边界。当AI能用"鱿鱼游

戏"解读财经数据，或将物理公式转化为武侠小说式教案时，我们正见证着一个人机协作叙事的新纪元。

2. AI生成图片

在杭州，一位艺术家白小苏与AI进行奇妙合作，诞生了一幅惊艳的百米国风长卷——《新西湖繁胜全景图》。这幅作品通过百度文心一格和Stable Diffusion（AI绘画工具）的强强联手，不仅复原了断桥残雪、雷峰夕照等西湖经典景点，更让沉寂千年的大佛寺从历史尘埃中复生。当艺术家输入"《武林旧事》中提到的大佛头高三丈余，饰以黄金"的描述时，AI瞬间生成了三种风格的复原方案：一版是南宋宫廷画院风格的青绿山水；一版是明代吴门画派的写意水墨；以及一版加上AR技术的动态佛像，佛像随着昼夜交替眨眼，仿佛能看到千年时光在它眼中流转。

技术亮点：

（1）建筑集群生成：AI将5000栋建筑按类型分类，每种类型的建筑都有自己的"风格密码"。比如，保俶塔就用了宋代《营造法式》的数据生成了独特的歇山顶结构，而北山街的民国建筑群则融入了Art Deco（装饰派艺术）的装饰风格，像是给古老建筑穿上了时尚的外衣。

（2）智能上色革命：青绿山水的传统上色工艺一般需要20道染色工序，而AI只用学习仇英的《桃源仙境图》笔触，就能一键完成"墨骨生成—矿物颜料模拟—绢本做旧"，速度快到让传统画师都要惊叹，效率提升了整整47倍！

（3）时空折叠叙事：这幅长卷不仅描绘了四季西湖，AI还巧妙地将现代与古代融合在一起。比如，苏堤春晓段自动补全了20世纪30年代法国传教士拍摄的垂丝海棠，而花港观鱼的区域则嵌入了2023年亚运会的灯光秀数据，成功做到了"从古至今，一眼千年"的时空对话。

这个项目不仅成为宋韵文化的新标杆，更开创了"人机共绘"的全新创作方式。艺术家负责整体的气韵与精髓，AI则承担了70%的重复性工作，创作周期从传统手绘的3.6年缩短至11个月。数字长卷展出时，观众只需用手机一扫画面，就能听到AI生成的《西湖游览志》解说。透过柳浪闻莺的画卷，仿佛能听见南宋的瓦舍说书声轻轻飘来，让千年文化"活"了起来，仿佛穿越时空，走到了我们的眼前。

3. AI生成音乐

从网易云音乐的"AI创作助手"将demo（小样）制作周期缩短至72小时，到中央音乐学院的"民乐AI自动作曲系统"成功复现《二泉映月》的32种现代改编版本，AI在音乐领域的创新应用已渗透到各个角落。此外，抖音的"AI声线转换"功能也突破了200万次的日均使用量，让短视频创作者轻松拥有10种明星音色模板。AI不仅仅是工具，更成为创作者灵感的加速器和艺术创新的伙伴。

AI功能	应用内容
声纹克隆与音色调整	AI提取声纹特征，生成真实的合成声线； 将用户声音转化为特定风格的音色，保留个性化发音； 音色迁移技术将人声调整为充满未来感的合成音效，同时保留独特颤音
智能编曲与风格融合	根据需求（如"融合古筝与电子音乐"），AI生成多种编曲方案； 结合传统民乐与电子音效，产生独特的音乐层次； AI自动生成过渡方案，增强调式转换的戏剧性； AI编曲工具提高效率，缩短制作周期超80%
交互式创作与实时优化	使用自然语言指令调整音频参数，如"增加混响""高频衰减"； 提供声场图谱，识别频段冲突； 自动适配多方言，优化旋律走向

当然，AI在音乐领域的应用不止于此，根据国际唱片业协会

（IFPI）的报告，2023年全球AI辅助创作歌曲数量激增了340%，AI正逐步成为每个音乐创作者不可或缺的得力助手。在GarageBand（由苹果公司开发的数码音乐创作软件）中，AI提供精准的和弦编排建议，帮助创作者快速进入创作状态；在老唱片修复过程中，AI能够智能补全缺失的声部，让时光的声音重新焕发生机。

4. AI生成视频

央视《国家宝藏》团队携手百度文心一格与商汤如影AI视频引擎，突破传统，利用AI技术将《全唐诗》中的经典诗篇转化为震撼的动态数字画卷，推出《千秋诗颂》系列，开创了"诗中有画，画中有史"的沉浸式体验。

在根据《山居秋暝》诗句重构画面时，AI精准生成符合历史背景的山水画，细腻还原了唐代服饰。通过智能识别"浣女"角色的特征，AI巧妙加入了竹编背篓等细节，为作品注入了深厚的文化底蕴。

AI跨模态特效的创新展现了无尽的创造力。动态笔触引擎将怀素草书的笔势巧妙转化为视频转场特效，给视觉效果增添了一抹艺术气息。智能运镜系统紧跟诗句的韵律，精准调节镜头，仿佛能让人听见竹叶沙沙的轻响，让观众全身心沉浸其中。

在敦煌莫高窟壁画重建项目中，AI技术实现了4K超分辨率重建，将静态飞天形象转化为动态效果，使得千年艺术焕发新生的力量。通过声波驱动的物理模型，飘带在风中舞动，仿佛一瞬间带领我们穿越时空。建筑生成模块结合《营造法式》古籍OCR（光学字符识别）数据库，精确控制比例，误差低于0.7%；而服饰生成系统依托陕西历史博物馆的三维扫描数据，完美还原了93%的纹样细节。

在杭州亚运会的开幕式上，AI生成的《春江花月夜》数字长卷掀起了热议，抖音话题播放量突破了17亿次，掀起一阵文化热潮。《全唐诗》电子书下载量激增320%，尤其在青少年群体中成为热荐之选（根据2024年抖音文化消费报告）。

　　由此可见，AIGC已经在新闻传媒、影视行业、电商、游戏等多个领域深度渗透应用。它不仅与从业者息息相关，更让企业看到了降低成本、提升效率的巨大潜力。这也引发了广泛的"失业焦虑"，许多人担心AI将取代我们的工作岗位。

　　但从另一个角度来看，AIGC也为个人赋能，让我们能够借助AI提高学习和工作的效率，快速获取信息，优化我们的决策过程。虽然目前AIGC仍面临生成内容质量不稳定、数据隐私不安全、知识产权被侵犯等一系列挑战，但这并不能掩盖它所带来的革命性变化。

　　不可否认的是，AIGC的时代呼唤着更多的人机协作。我们需要成为"会用AI的人"，而不是"被AI替代的人"。未来的竞争，不再仅仅是技术的对抗，而且是比拼驾驭技术、与其协同创新的能力。

1.3 AI 的平民化：DeepSeek 的颠覆式崛起

2025年1月20日，DeepSeek给我们带来了一个大新闻——他们发布了最新的人工智能大型语言模型——DeepSeek-R1。这款模型在推理能力上与OpenAI的o1模型比肩，甚至在某些领域更胜一筹！凭借着"低门槛"特性和广泛应用，它迅速在国内外市场获得了大批用户。这款模型通过蒸馏技术，推出了6个不同规模的小伙伴，参数从1.5B到70B不等，简直是大小通吃。这6个模型都完全开源，旨在回馈开源社区，推动"开放AI"的进程。这一突破性的进展，不仅让AI技术更加普及，更为AI应用的"平民化"打下了坚实的基础。现在，AI不再是高高在上的神秘存在，而是一个触手可及、人人都能使用的"好伙伴"。

认识 DeepSeek：AI 界的"黑马"

杭州深度求索人工智能基础技术研究有限公司，成立于2023年，专注于大语言模型及其相关技术的研发。创始人梁文锋是典型的长期主义者，具备强大的基础设施工程能力和模型研究能力，还能精准调动资源，堪称AI领域的"技术极客"。他的领导风格让团队保持高效创新，成员大多来自国内顶尖高校，年轻，学历高，注重开源，具有强烈的使命感，致力于推动科技变革。

DeepSeek的技术创新也不容小觑。公司提出了多头潜在注意力机制

（MLA）和DeepSeek MoE（混合专家模型）等新架构，为AI领域开辟了新的道路。凭借这些突破，DeepSeek的大模型在权威测评中交出了顶级成绩，稳稳占据了行业领先地位。

根据彭博社的报道，DeepSeek的AI助手凭借其卓越的性能和用户体验，迅速成为全球140个市场下载量最高的移动应用。1月27日，DeepSeek的推理人工智能聊天机器人成功登上了苹果App Store的榜首，并持续保持全球第一的位置；1月28日，它又在美国Android Google Play登顶。根据Sensor Tower的数据，DeepSeek在发布后的前18天内下载量达到了1600万次，这一数字几乎是OpenAI ChatGPT发布时900万下载量的近两倍，其中印度市场贡献了15.6%，充分显示了DeepSeek在全球市场的强大竞争力和广泛影响力。

在用户体验方面，DeepSeek-R1的表现也非常突出。特别是在数学推理、编程能力和自然语言理解领域，推理速度和准确度都达到了行业领先水平。用户无须使用复杂的提示词技巧，依然能够获得高质量的回答，无论是在游戏、视频播放还是日常工作中，流畅的操作体验都受到高度好评。

DeepSeek的界面设计简洁直观，操作简单，在实时数据推送和内容推荐方面表现尤为出色，让用户省去了大量在信息检索上花费的时间。

DeepSeek打破硅谷"烧钱神话"：国产AI真正实现弯道超车了吗？

2025年1月24日，英伟达股价单日暴跌3.12%，创下年内最大跌幅。

德国《世界报》评论员毫不客气地指出："DeepSeek可能是美股AI泡沫的终极刺客——它只用了2000块阉割版显卡和550万美元预算，就造出了堪比GPT-4的模型，彻底打破了'烧钱神话'的荒谬。"而在硅谷，Meta（美国互联网公司）的工程师们正通宵复现DeepSeek的开源代码，力图证明这一切不过是"中国人的骗局"。在匿名论坛上，一位工程师忍不住崩溃留言："我们花了16384块H100显卡才搞出Llama 3，他们竟然用1/8的算力就碾压了我们。这简直不科学！"

曾经，美股AI公司生存的法则是"烧钱→融资→画饼→再烧钱"。直到DeepSeek亮出一张账单："550万美元包月，带回GPT-4平替。"硅谷的风险投资人们纷纷急忙删除PPT中的"独家技术壁垒"字眼。

那"平民AI"DeepSeek的功能与OpenAI的ChatGPT相比，到底有哪些差距呢？我们针对凤凰网的测评结果进行了以下整理：

测试项	DeepSeek	ChatGPT	备注
信息检索能力	耗时77秒，推理复杂，给出来源及时间	耗时15秒，迅速给出推理及来源	DeepSeek需要更多时间思考；ChatGPT速度较快，但更简洁
日常问题解答能力	古诗翻译较为准确，耗时92秒	快速给出答案但有机翻问题，耗时23秒	DeepSeek的翻译更符合中文诗词的韵味，但速度较慢；ChatGPT较快，但翻译略显机械
上下文联系能力与抗干扰能力	可以处理突发问题，思考过程复杂	遇到干扰时容易跑题	DeepSeek能较好保持上下文逻辑；而ChatGPT易受干扰，容易跑题
数学计算能力	耗时180秒，思考过程较长	耗时27秒，直接给出答案	ChatGPT更高效；DeepSeek需要更多时间进行自我反驳和验证
创作能力与知识储备	深度分析，更具创作价值，耗时2分24秒	创作较简洁，耗时40秒	DeepSeek在创作内容上能更准确地抓住重点；ChatGPT虽速度快但创作细节欠缺
小说分析能力	分析细致，解释每个角色特点，耗时50秒	总结简洁，耗时20秒	DeepSeek的分析更细致；而ChatGPT的总结过于简洁，像中学生读后感
中文环境表现	支持中文语料较好，表达自然	语言结构更像外国人，翻译腔明显	DeepSeek在中文环境中表现更好；ChatGPT在中文表达上尚需优化
推理流程	自我推理更复杂，答案更准确	更简洁，效率高	DeepSeek推理过程较长，但准确性更高；ChatGPT效率高，但可能缺乏准确性

不难看出，DeepSeek和ChatGPT各自具备独特优势。DeepSeek以其高性能和高效率为亮点，采用混合精度训练和MoE结构，显著提升了计算能力。它还提供定制化服务，能够根据企业需求优化模型，并通过私有化部署保障数据安全。相比之下，ChatGPT则具有更强的通用性，适用于聊天、写作、翻译等多种场景，操作简便，易于上手。此外，ChatGPT在技术上不断创新，推出了如GPT-4o等更强大的模型。

然而，二者也都存在短板。DeepSeek的生态系统相对较弱，缺乏丰富的第三方应用和工具支持，这可能限制了其在某些场景下的应用和推广。而ChatGPT则面临高昂的使用成本和数据安全隐患，用户数据可能用于模型训练，这可能导致用户隐私泄露。此外，ChatGPT生成的内容质量偶尔不稳定，可能出现错误或不当信息，这会影响用户体验和对模型的信任度。

尽管如此，DeepSeek因其卓越的中文处理能力，成为中文环境下的热门选择，被称为"中文AI的天花板"，在各类应用中广受欢迎，甚至被戏称"连方言都能听懂"。

DeepSeek大模型：生态与应用的全方位突破

DeepSeek的影响力不仅限于技术领域，更在生态建设上取得了显著成就。2025年2月27日，由杭州深度求索开发的DeepSeek应用登顶苹果中国区和美国区应用商店免费App下载排行榜，超越了ChatGPT，成为科技圈的焦点。《环球时报》称其为大模型行业的"黑马"，外网更是将其誉为"神秘的东方力量"。与此同时，DeepSeek在开源社区GitHub上的Star数也首次超越OpenAI，其中DeepSeek-V3的Star数已达7.7万，而DeepSeek-R1仅用3周时间便超越了OpenAI的Cookbook项目，展现了开源社区的强大支持。

苹果美国区应用商店

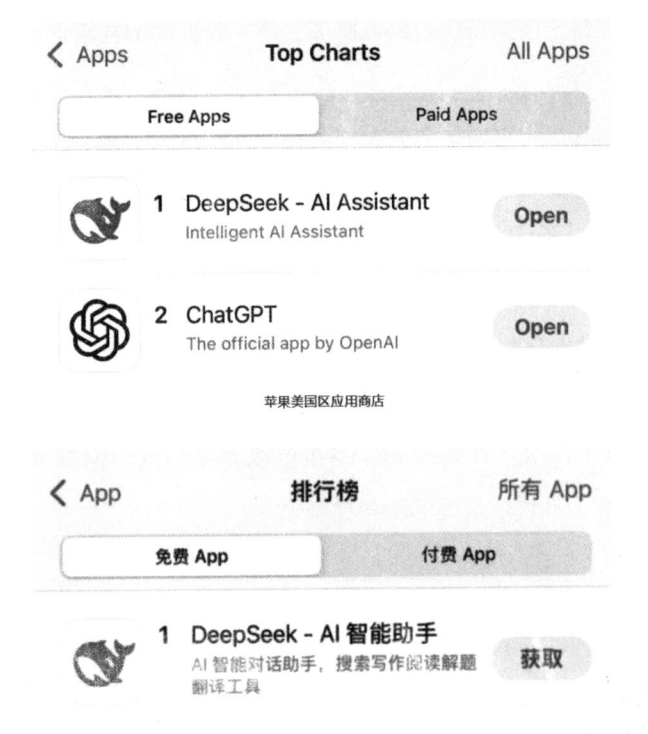

　　国家超算互联网平台也正式上线了DeepSeek-R1的多个版本（1.5B、7B、8B、14B），并计划陆续推出32B、70B等版本。这些模型支持一键推理服务，并可基于私有数据进行定制化训练，进一步降低了AI技术的使用门槛。此外，DeepSeek的技术优势还体现在硬件效率上。据美国科技网站Tom's Hardware报道，DeepSeek通过使用英伟达的PTX语言（GPU低级汇编语言）而非CUDA（由英伟达设计研发的并行计算平台和编程模型），显著提升了训练效率，使其在硬件适配方面具备独特优势。这一技术突破为未来适配国产GPU奠定了基础。

　　DeepSeek的风潮也迅速席卷终端企业。华为、荣耀、OPPO、魅族等手机厂商纷纷宣布接入DeepSeek-R1，将其整合至智能助手和操作系统。视源股份、洲明科技、利亚德等显示和LED企业也高调宣布接入DeepSeek，优化教育、交互和多Agent场景的体验。海信视像更是宣布其智能电视将全面支持DeepSeek服务，进一步推动AI在消费电子领域的普及。

DeepSeek在应用场景上的表现同样令人瞩目。在文学领域，国内网文巨头阅文集团宣布将DeepSeek-R1集成至"作家助手"应用，辅助网文创作，标志着DeepSeek首次在网文领域的商业化应用。在编程领域，DeepSeek展现了强大的技术实力。根据Aider LLM Leaderboards榜单，DeepSeek-R1在代码生成任务中取得了56.9%的成功率，格式正确率高达96.9%，同时保持了极低的调用成本（$5.42），远低于Claude 3.5和OpenAI的GPT-4o。DeepSeek-V3虽然成功率略低，但其调用成本仅为$0.34，成为性价比最高的编程模型之一。

模型	成功率	格式正确率	费用
DeepSeek-R1 + claude-3-5-sonnet-20241022	64.0%	100.0%	$13.29
o1-2024-12-17 (high)	61.7%	91.5%	$186.5
o3-mini (high)	60.4%	93.3%	$18.16
DeepSeek-R1	56.9%	96.9%	$5.42
claude-3-5-sonnet-20241022	51.6%	99.6%	$14.41
DeepSeek Chat V3	48.4%	98.7%	$0.34
gpt-4o-2024-08-06	23.1%	94.2%	$7.03
qwen-max-2025-01-25	21.8%	90.2%	$0.0
DeepSeek Chat V2.5	17.8%	92.9%	$0.51

DeepSeek的多语言支持（涵盖C/C++、Java、Python等70余种语言）、64K Token（语言单元）的长上下文窗口以及对中文编程环境的优化，使其成为开发者的首选工具。通过与Cursor、Aider等编程助手的结合，DeepSeek能够在软件开发生命周期中提供全方位的支持，显著提升开发效率。

在基础设施方面，加拿大网络安全公司Feroot Security的分析显示，

DeepSeek的Web版代码使用了中国移动的基础设施。作为全球最大的移动通信和网络服务商之一，中国移动的支撑为DeepSeek的稳定运行提供了保障。尽管中国移动受到美国的有限制裁，但DeepSeek的移动版App在苹果和Google应用商店的下载量依然位居前列，展现了其全球化布局的潜力。

因此，从开源社区到终端企业，从文学创作到编程辅助，DeepSeek正在以惊人的速度重塑AI生态。其技术突破、生态合作和多元化应用场景，不仅推动了国产AI的崛起，也为全球AI产业的发展注入了新的活力。2025年，DeepSeek无疑站在了AI变革的最前沿。

DeepSeek的"核心技能"

今天我们不讨论枯燥的技术细节，也不制造焦虑，只用简单的语言带你了解DeepSeek的真正实力。

中文对ChatGPT来说是"外语"

在聊DeepSeek之前，首先要明确一点：ChatGPT很强，但它其实是个"英语母语者"。OpenAI的开发团队主要是美国人，而训练数据中，英文占比超过90%，中文则大多是"教科书式"的内容——新闻、论文和官方文件。这就意味着，ChatGPT虽然可以写中文，但它未必能理解中文里的"弦外之音"。

举个例子。你问它："领导说'这个方案再斟酌一下'，我该怎么办？"

ChatGPT可能会认真地回答："建议重新评估方案的可行性，优化细节……"

但职场老手都知道，领导的真正意思可能是："这个方案不行，重做吧！"

这就是文化差异带来的"水土不服"：ChatGPT擅长处理结构清晰、逻辑严谨的标准中文，但面对潜台词、方言梗、网络流行语，甚至年轻人喜欢用的"阴阳怪气"，它常常"一脸蒙"。

而DeepSeek的团队从一开始就锁定了一个目标——做最懂中文的AI。如何实现？答案就是："接地气。"

它比你还懂"梗"：

> 芭比Q了

> "芭比Q了"是网络流行语，源自"BBQ"（烧烤），谐音引申为"完了"或"糟糕了"，用来形容事情搞砸或情况不妙。例如，考试没考好可以说"这次考试芭比Q了"。这个表达幽默轻松，常用于调侃或自嘲。

> 绝绝子

> "绝绝子"是网络流行语，用来形容某事或某人非常出色、令人惊叹，带有夸张和赞美的意味。例如，看到精彩表演可以说"这表演绝绝子！"。

它甚至懂你的"面子文化"：

> 我如何委婉地拒绝老板的加班要求

> 委婉拒绝老板的加班要求，既要表达自己的立场，也要保持职业礼貌。以下是一些建议：
>
> 1. 表达理解与尊重：
>   - "我理解项目紧急，也愿意为团队贡献力量。"
>   - "我知道这段时间任务繁重，大家都在努力。"
> 2. 说明个人情况：
>   - "不过今天我有些个人安排，可能无法加班。"
>   - "最近工作强度较大，我需要调整一下状态，确保后续效率。"
> 3. 提供替代方案：

而且部分中文图片，DeepSeek也可以更快地识别：

[DeepSeek 回答 / GPT 对比 截图]

DeepSeek的三种模式各显神通

DeepSeek 提供了三种不同的AI模型模式，覆盖从日常对话到专业推理、实时搜索等多种应用场景。我们可根据需求自由切换，以获得最优体验。

首先，基础模型（V3）以其极速响应、广泛知识和稳定表现，成为日常使用的理想之选。

无论是轻松的日常对话、专业的知识问答，还是创意文案的构思，V3 都能迅速理解需求，提供精准、简明的回答。其知识库更新至 2024 年 7 月，涵盖历史、文化、科学、社科等多个领域，确保用户获取可靠的参考信息。在应用场景上，V3 适用于日常交流（如社交聊天、常见问题解答）、信息查询（如生活常识、基础百科）以及创意写作（如短文案写作、标题构思、灵感激发），是高效便捷的AI助手。

示例应用：

生活常见问题解答：

[如何清理键盘 截图]

工作日常咨询：

> 我的网店主要卖的产品是洗衣液,请给我起一些有创意的广告词

以下是一些为洗衣液网店设计的创意广告词，结合了产品特点和吸引力：

1. "洁净新境界，一洗见真心！"
   - 强调洗衣液的强力去污效果，同时传递出对顾客的用心。
2. "污渍不留痕，清新每一天！"
   - 突出去污能力和持久的清新香味，适合日常使用。
3. "轻松一洗，焕然一新！"

其次，深度思考模型（R1）可以辅助精准推理，攻克复杂任务。

当面对高难度推理、编程挑战或数学难题时，R1 以强大的逻辑能力和严密的思维链脱颖而出。它不仅擅长学术研究、复杂问题分析、开发代码，还能在科学探讨、算法优化等任务中提供系统性解答。

相较于 V3，R1 采用更深入的计算与推理，因此响应速度略慢，但换来的是真正透彻、缜密的分析结果。如果你的需求涉及专业推理（如科学研究、哲学思辨、批判性思考）、编程开发（如代码调试、算法优化、难题解析）或数学计算（如复杂数学建模、逻辑推理、公式推导），R1 将是你不可或缺的智囊助手。

示例应用：

> 请分析康德的"道德律令"与功利主义的区别。

康德的"道德律令"与功利主义在伦理学中代表了两种不同的道德理论，主要区别如下：

1. **理论基础**
   - **康德的道德律令**：基于义务论，强调行为的道德性取决于其动机和原则，而非结果。道德律令是无条件的，要求人们出于义务行动。
   - **功利主义**：属于后果论，主张行为的道德性取决于其结果，特别是能否最大化整体幸福或效用。

2. **核心原则**
   - **康德的道德律令**：核心是"定言命令"，要求行为准则能够普遍化，且始终将人视为目的而非手段。
   - **功利主义**：核心是"最大幸福原则"，行为的正确性取决于其能否带来最多数人的最大幸福。

最后，联网搜索模式：实时更新，把握时代脉搏。

DeepSeek可以实时连接网络，查询2024年7月后最新的信息，涵盖科技、财经、社会热点、行业动态等领域。无论是查找新闻、最新研究进展，还是查市场趋势分析，它都能提供即时信息。但需要注意的是，联网模式专注于信息广度，而非深度推理。如果你需要严谨的逻辑分析，建议切换至R1模式，而非二者同时使用，以免因信息广度与深度不同而导致逻辑冲突。

所以，你可以通过不同模式的特点和你要使用的场景来选择适合的DeepSeek模式：

模式 （截至2025年3月）	适用场景	特点
V3（基础模型）	日常对话、生活常识、创意写作	响应快，知识广，适合通用场景
R1（深度思考）	逻辑推理、代码开发、数学计算	推理强，思维严谨，适合专业任务
联网模式	资讯查询、行业趋势、实时热点	获取最新信息，适用于动态变化的领域

1.4 DeepSeek 快速上手指南：零门槛，人人可用！

这里，我们为你介绍最基础、最简单的使用方法，无论是新手小白还是资深玩家，都能轻松掌握，迅速体验 DeepSeek 的强大功能。

Step 1：下载安装，一步到位！

√ 电脑端：

- 网页版：无须安装，直接访问官网（https://www.deepseek.com/）即可使用。
- 客户端：若需要更稳定的体验，可下载官方客户端，享受更流畅的使用体验。

√ 手机端：

- 通过应用商店下载官方 DeepSeek App，随时随地畅享AI体验。（请认准官方渠道，谨防山寨软件，以免遭受恶意攻击！）

√ 网络优化：

- 若遇到卡顿或延迟，可使用网络加速器进行网络优化，实现低延迟、高速访问。
- 需要更稳定的本地运行环境？DeepSeek 还支持一键本地部署，为你提供更高的隐私保障与独立算力支持。

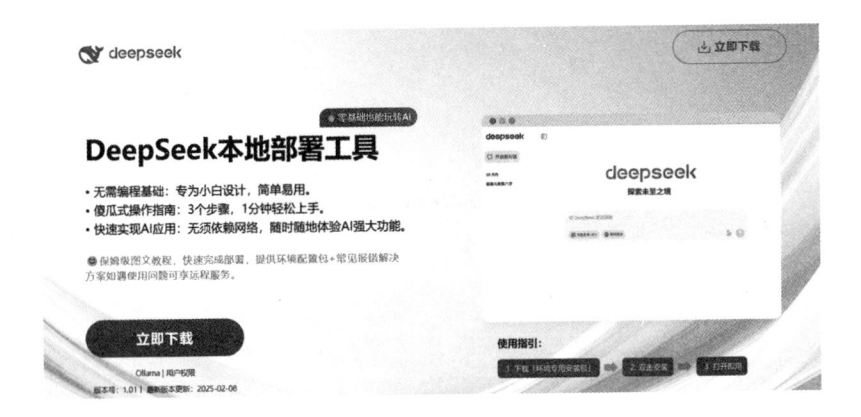

安装完成后，打开 DeepSeek，你将看到一个登录界面。只需简单几步，即可注册账号，畅享AI助手的强大功能！

√ 注册方式多样，秒级完成

- 手机号、微信、邮箱均可一键注册，方便快捷。
- 建议：设置一个强密码，启用双重验证（如可用），保障账号安全。

√ 免费使用，无门槛体验

- 基础功能永久免费，无须订阅，即刻体验AI的高效与智能。
- 商用提醒：若用于商业用途，请留意授权规则，确保合规使用。

完成注册后，你就可以正式进入 DeepSeek 的世界，开始探索AI的无限可能！

Step 2：熟悉 DeepSeek 主界面，快速上手！

打开 DeepSeek 后，你将进入主界面，以下是几个核心功能，助你高效使用：

我是DeepSeek，很高兴见到你！
我可以帮你写代码、读文件、写作各种创意内容，请把你的任务交给我吧~

给 DeepSeek 发送消息

深度思考 (R1)　联网搜索

左侧"+"：点击"+"，即可创建新的对话，开启全新的AI互动，避免旧话题干扰新问题。

对话输入框：直接输入你的问题，无论是知识查询、创意写作，还是复杂推理，DeepSeek 都能快速响应。

左下角模式切换：按照上面我们提到的不同模式，根据你需要的场景选择联网搜索及其他模式。

右下角上传文件：可以是照片、PDF等各类文件，你只需要在输入框提出你的要求，它就会帮你分析文件并思考解决，比如给它一篇文章，让它把这篇文章的中心思想写出来。

通过本章的学习，你已深入了解了人工智能、AIGC 以及 DeepSeek 的核心功能，并成功完成了 DS 的注册。现在，随时随地，你都可以启动这个 24 小时都在线的智能助手，助你高效完成各种任务，开启全新的工作与生活方式！

模型密码起步：精准提问——让AI和人都愿意回答你！

为什么AI"听不懂"你的问题？——学会和AI交流，问题即答案！

许多人兴冲冲下载AI工具后，往往会遇到这样的情况："DeepSeek这AI是不是有点傻？怎么答非所问？"甚至有时候，回答的离谱程度让人怀疑自己穿越到了"量子纠缠"平行宇宙。

但问题真的出在AI身上吗？还是因为我们不会"和AI说话"？

赫尔·葛瑞格森在《问题即答案》中曾说：

"你可以通过一个人的答案判断他是否聪明。你可以通过一个人的问题判断他是否睿智。"

换句话说，提问的质量，决定答案的深度。

为什么你的问题没人愿意回答？想一想，你是否见过这样的提问：

× "在吗？"

× "他为什么发财了？"

× "我的年度项目规划怎么做？"

× "我该跳槽还是骑驴找马？"

× "GPT 好还是 DeepSeek 好？"

× "导师为什么不回我邮件？"

这些问题的共同点是什么？——模糊、宽泛、缺乏背景信息！

问题范围太大，让人无从下手。比如："我的年度项目规划怎么做？"——你的规划是市场推广，产品研发，还是预算制定？没有细节，AI也只能胡乱猜测。

缺乏关键信息，让回答者难以精准作答。比如："GPT 好还是 DeepSeek 好？"——是比语言理解能力，推理能力，还是代码生成？没有明确标准，AI也无法提供有价值的对比。

懒得自己思考，直接甩锅。比如："导师为什么不回我邮件？"——AI又不是你的导师，怎么知道他是在忙，还是根本没收到你的邮件？

结果就是，你的问题被无视，或者得到毫无价值的回答。

彼得·德鲁克曾说：

"最重要且最困难的工作，并不是找到正确答案，而是发现正确的问题。"

不管是问AI还是问人类，让别人去做选择题、填空题，总比做问答题轻松得多。提出一个清晰、具体、可回答的问题，往往比答案本身更重要。精准地表达问题，便于让对方快速理解，并提供有价值的信息。让我们来对比一下：

错误提问（模糊）×	优化提问（精准）√
"GPT 好还是 DeepSeek 好？"	"在 2024 年的 AI 语音助手市场中，DeepSeek 和 GPT-4o 在用户需求、语境理解、推理能力上各有哪些优劣势？"
"我的年度项目规划怎么做？"	"我的团队今年要拓展 B 端市场，目标是提升 30% 转化率，现有预算 50 万，DeepSeek 可以提供哪些 AI 解决方案来提升营销精准度？"

优化后的提问添加了时间、背景、目标、关键指标，即便是我们作为回答者，也能明确理解问题的需求。

那么如何让你的提问更具"可回答性"？本章我们给出两种最常用的提问方式：

1. 明确指令。如：我在AI项目中遇到了××问题，尝试了××方案，但遇到××难点，请给我提出对应建议，要求：1. 不少于2000字；

2.包括问题现状、市场分析、难点解读、解决方案预期；3.请同时输出中文和英文。4.请使用严谨、规范的商业报告术语。

  2. 提供背景。如：你是一名经验丰富的项目经理，你被要求在公司报告会上就AI项目上的××问题进行主题发言，请给出你的发言稿，发言稿应符合你的身份设定，体现专业性。

模型密码一：指令式提问——目标导向、避免跑题

在工作和学习中，目标不清晰，努力全白费。提问也是一样，明确目标是迈向成功的第一步！

心理学家本杰明·布鲁姆在教育目标分类学中指出："精准的提问能激发深入思考，让目标更聚焦，问题更具体。"如果提问方式不清晰、含糊不清，缺乏明确的指向，无论是AI还是人类都只能给出泛泛的回答，甚至误解问题。

指令式提问：通过提供清晰、具体的指令，让AI按照你的思路去执行任务。换句话说，AI不是"自由发挥"，而是按照你的指令进行高效执行。只要指令清晰，AI产出的内容就更精准，比如：

含蓄的提问方式 ×	指令式提问 √
"写个简历。"（AI可能无法判断行业、岗位、风格）	"请帮我写一份市场营销岗位的简历，包含自我介绍、工作经验和技能。"
"那个……能不能帮我看看这篇文章？"	"请帮我修改这篇文章，重点关注语法错误和逻辑问题。"
"你觉得这个怎么样？"	"请分析一下这份商业计划书的可行性，从市场、财务、运营三个方面评估。"
"帮我看看这个代码有问题吗？"	"请检查这段代码是否存在逻辑错误或性能瓶颈，特别是循环部分。"
"这张图还行吧？"	"请评价这张数据可视化图表，关注信息表达是否清晰，以及配色是否合理。"

指令式提问适用于所有场景，我们以学术写作场景为例，通过以下3个技巧来优化指令：

√ 明确任务目标——告诉AI你需要什么类型的内容，比如摘要、数据分析、论文综述等。

√ 提供具体指示——包括字数要求、格式、参考来源等,减少AI的猜测空间。

√ 设定输出标准——告诉AI你希望答案包含哪些要点,比如关键理论、数据支持、案例分析等。

对比案例:

> **提示词:**
> 请给我一封催款邮件(不含明确的说明)
>
> **DeepSeek 生成示例:**
> "尊敬的客户,您好!关于您于[日期]产生的账单(金额:××元),我们尚未收到付款。请您尽快处理,以免影响后续合作。如已付款,请忽略此邮件。感谢您的支持!"

如果我们更明确需求:

> **提示词:**
> 我是装修建筑公司,我在职场装修项目中遇到了甲方不及时结算的问题,请给我写一封催款邮件,要求:1. 不超过500字;2. 语气礼貌;3. 突出时间紧迫性。
>
> **DeepSeek 生成示例:**
> 尊敬的[甲方姓名]先生/女士:
> 您好!
>
> 首先,衷心感谢贵公司对我公司的信任与支持,使我们有机会参与[项目名称]的装修工程。目前,该项目已按照合同要求顺利完成,相关验收文件和结算资料也已于[日期]提交至贵公司。
>
> 根据合同约定,结算款项应于[约定付款日期]支付。然而,截至目前,我公司尚未收到相应款项。由于我公司财务流程及后续项目安排较为紧张,延迟结算将直接影响我公司的资金周转及后续项目的正常推进。因此,恳请贵公司尽快安排结算事宜,并于[具体日期,如7天内]完成款项支付,以便我们更好地协调资源,确保双方合作顺利进行。
>
> 如贵公司在结算过程中遇到任何问题,或需要进一步沟通,请随时与我们联系,我们将全力配合并提供必要的协助。

再次感谢贵公司一直以来的支持与理解,期待您的尽快回复,并希望未来继续保持良好的合作关系!

祝工作顺利,万事如意!

此致
敬礼

[您的姓名]
[公司名称]
[联系方式]
[日期]

模型密码二：角色设定法——创造身份、补充背景

你有没有遇到过这样的情况？同一个问题，不同的人回答的方式完全不同。你问一位投资人"创业成功的关键是什么？"，他可能谈融资、商业模式；你问一位创业者，他可能聊团队管理、产品打磨；你问你的朋友，他可能告诉你"运气好"。

同样，问AI也是如此，除了让AI知道"我们要干什么"之外，我们还需要让AI知道"我是谁"或者"你是谁"。你希望AI以什么视角回答，取决于你给它设定的"身份"。如果你不告诉AI你需要它扮演什么角色，它只能用最笼统、最通用的方式回答，结果往往泛而不精，缺乏针对性。

因此我们可以通过角色设定来帮助AI明确背景，设定角色，也就是给AI提供背景信息，这样可以让AI进入正确的思维模式。

- 如果你希望AI给出专业市场分析，就让它成为"资深市场顾问"。
- 如果你想优化商业文案，就让它化身"顶级广告文案策划师"。
- 如果你需要AI扮演面试官帮你模拟对话，就让它成为"500强HR主管"。

不同的角色，意味着不同的知识背景、表达方式、思考逻辑，这将直接增加AI回答的专业性。

应用领域	普通提问 ✕	优化提问（带角色设定）√
职场沟通	"帮我写封邮件。"	"你是500强公司HR，请帮我写一封正式的入职通知邮件，语气专业，附上公司福利信息。"
市场分析	"分析一下这个行业。"	"你是资深市场研究员，请分析2024年新能源车市场趋势，并对比特斯拉和比亚迪的市场占比。"

039

续表

应用领域	普通提问 ×	优化提问（带角色设定）√
内容创作	"写一篇公众号文章。"	"你是新媒体运营专家，请帮我写一篇关于AIGC在营销领域应用的公众号文章，标题吸引人，语言通俗易懂。"
产品策划	"如何改进我的App？"	"你是UI/UX设计师，针对18—25岁用户群体，请优化我的App交互设计，提高留存率。"
学术研究	"帮我写论文摘要。"	"你是一名博士生导师，请帮我用150字概括我的论文核心观点，包括研究背景、方法和主要发现。"

因此，角色设定就像是给AI穿上"不同的外套"，让它在正确的场景下，用最合适的方式回答你的问题，我们可以通过以下3个方面来创造角色：

√ 明确AI的角色 → 告诉AI它是什么身份，它的知识背景是什么。

√ 设定任务场景 → 让AI结合具体情境回答，而不是泛泛而谈。

√ 调整AI的回答风格 → 让它用正式、学术、商业、幽默等不同语气作答。

对比案例：

提示词：
请以"DeepSeek融入学术写作"为主题写一篇研究生组会发言稿。

DeepSeek生成示例：
研究生组会发言稿：

DeepSeek与学术写作的融合

尊敬的导师，亲爱的同学们：
大家好！
今天，我很荣幸能在组会上与大家分享一个与我们科研工作息息相关的话题——DeepSeek与学术写作的融合。作为一名研究生，学术写作是我们日常科研中不可或缺的一部分，而如何高效、高质量地完成写作任务，是我们每个人都面临的挑战。如今，以DeepSeek为代表的AI技术逐渐渗透到学术领域，为我们的写作和研究提供了新的可能性。

一、DeepSeek 在学术写作中的应用场景
DeepSeek 作为一种先进的 AI 工具，在学术写作中展现了强大的潜力。具体来说，它可以在以下几个方面为我们提供帮助：
1. 文献检索与整理
DeepSeek 能够快速从海量文献中提取关键信息，帮助我们高效筛选相关研究及成果，节省大量时间。例如，在撰写文献综述时，它可以自动生成相关领域的研究热点和趋势分析，为我们提供清晰的思路。

2. 语言优化与润色
学术写作对语言的准确性和规范性要求极高。DeepSeek 可以通过自然语言处理技术，帮助我们优化句子结构、修正语法错误，甚至提供更专业的表达建议，从而提升论文的可读性和学术性。

3. 数据分析与可视化
在科研论文中，数据分析和图表展示是至关重要的环节。DeepSeek 可以协助我们快速处理实验数据，生成高质量的图表，并提供数据解读建议，帮助我们更清晰地呈现研究结果。

二、DeepSeek 带来的机遇与挑战
尽管 DeepSeek 为学术写作提供了诸多便利，但我们也需要理性看待其局限性：
1. 机遇
　　——提高写作效率，缩短论文撰写周期；
　　——提供多角度的学术建议，拓宽研究思路；
　　——降低语言障碍，助力国际学术交流。

2. 挑战
　　——过度依赖 AI 可能导致学术创造力的下降；
　　——AI 生成的内容可能存在学术不端的风险，需谨慎使用；
　　——对 AI 工具的依赖可能削弱我们的基础写作能力。

三、如何更好地将 DeepSeek 融入学术写作
为了更好地利用 DeepSeek，我建议从以下几个方面入手：
1. 明确目标，合理使用
在使用 DeepSeek 时，应明确其辅助工具的定位，避免完全依赖。我们可以将其用于初稿撰写、语言润色等环节，但核心研究思路和创新点仍需由我们自己完成。

2. 注重学术规范，避免风险
在使用 AI 生成内容时，需严格遵守学术规范，确保数据的真实性和原创性，避免抄袭或不当引用。

3. 持续学习，提升能力
DeepSeek 虽然强大，但它无法替代我们对领域的深入理解和独立思考。我们应不断学习，提升自己的学术素养和写作能力，与 AI 工具形成互补。

> 四、结语
> DeepSeek 作为一项新兴技术，正在深刻改变学术写作的方式。它为我们提供了高效的工具，但也对我们的学术能力提出了更高的要求。希望我们能够以开放的心态拥抱技术，同时保持对学术的敬畏与热爱，在科研道路上不断前行。
> 以上就是我的分享，谢谢大家！
>
> （注：以上发言稿可根据具体需求调整内容长度和细节）

不难看出，上面的回答内容逻辑清晰，但是相对宽泛，不突出特殊性，那我们增加明确的角色要求后，再次提问对比：

> **提示词：**
> 你是一名社会学领域在读硕士，你被要求在研究生组会上就"DeepSeek 融入学术写作"这一主题进行发言，请给出你的发言稿，发言稿应符合你的身份设定，体现学术性。
>
> **DeepSeek 生成示例：**
> 研究生组会发言稿：
>
> **DeepSeek 融入学术写作的思考与实践**
>
> 尊敬的导师，亲爱的同学们：
> 大家好！
> 我是社会学专业的研究生 [你的名字]，今天非常荣幸能在组会上与大家分享关于 DeepSeek 融入学术写作的一些思考与实践经验。作为一名社会学领域的研究者，我深刻体会到学术写作在科研中的重要性，同时也意识到技术工具对我们研究方式的深远影响。DeepSeek 作为一款基于人工智能的工具，正在逐渐改变我们获取信息、整理思路和表达观点的方式。今天，我将从社会学的视角出发，探讨 DeepSeek 在学术写作中的应用及其可能带来的影响。
> 一、DeepSeek 在学术写作中的应用场景
> 1. 文献综述的高效完成
> 社会学研究往往需要梳理大量的文献，以构建理论框架或提出研究问题。DeepSeek 可以通过智能检索和语义分析，快速提取相关文献的核心观点，帮助我们高效完成文献综述部分。例如，在研究"城市化与社会不平等"这一主题时，DeepSeek 可以快速筛选出经典理论和最新研究，为我们提供全面的文献支持。
> 2. 研究方法的优化建议
> 社会学研究注重方法的科学性和严谨性。DeepSeek 可以根据研究主题，推荐合适的研究方法或数据分析工具。例如，在定量研究中，它可以建议使用何种统计模型；在定性研究中，它可以提供访谈或文本分析的优化方案。

3. 语言表达的规范化与国际化

社会学研究常常需要与国际学术界对话，这对语言表达提出了较高要求。DeepSeek 可以帮助我们优化语言表达，使论文更符合国际期刊的写作规范。例如，它可以修正语法错误、调整句式结构，甚至提供更专业的学术表达方式。

二、DeepSeek 带来的机遇与挑战

1. 机遇

——提升研究效率：DeepSeek 可以大幅缩短文献检索、数据整理和论文撰写的时间，让我们将更多精力投入对核心问题的研究中。

——拓宽研究视野：通过智能分析，DeepSeek 可以帮助我们发现新的研究视角或跨学科的研究机会。

——降低语言障碍：对非母语写作者来说，DeepSeek 可以显著提高论文的语言质量，助力其在国际学术平台发表。

2. 挑战

——学术原创性的隐忧：过度依赖 DeepSeek 可能导致研究缺乏独创性，甚至引发学术不端问题。

——技术依赖的风险：长期使用 AI 工具可能削弱我们的基础研究能力，如文献阅读、理论构建等。

——伦理与隐私问题：在使用 DeepSeek 处理访谈数据或敏感信息时，可能涉及伦理和隐私问题，需谨慎对待。

三、社会学视角下的反思

从社会学的角度来看，DeepSeek 的普及不仅是技术进步的体现，也反映了知识生产方式的变迁。我们可以从以下两个维度进行反思：

1. 知识生产的"技术化"趋势

DeepSeek 的广泛应用使得学术写作更加高效，但也可能导致知识生产的"标准化"和"工具化"。我们需要警惕技术对学术创造力的潜在压制，保持对研究问题的独立思考。

2. 学术不平等的加剧

DeepSeek 等 AI 工具的普及可能加剧学术资源的不平等。拥有先进技术资源的学者可能更容易产出高质量的研究成果，而资源有限的学者则可能处于劣势。这一问题值得我们深入探讨。

四、实践建议

为了更好地将 DeepSeek 融入学术写作，我提出以下几点建议：

1. 明确工具定位：DeepSeek 应作为辅助工具，而非替代品。我们应将其用于提高效率，而非替代思考。
2. 注重学术伦理：在使用 DeepSeek 生成内容时，需严格遵守学术规范，确保研究的原创性和真实性。
3. 加强能力培养：在利用技术工具的同时，我们应不断提升自己的理论素养和研究能力，与技术形成互补。

> 五、结语
> DeepSeek的融入为学术写作带来了新的可能性，但也提出了新的挑战。作为社会学研究者，我们应以批判性的视角看待技术工具的使用，既要充分利用其优势，也要警惕其潜在风险。希望我们能够在技术与学术之间找到平衡点，推动社会学研究的创新发展。
> 以上就是我的分享，谢谢大家！
>
> （注：以上发言稿可根据具体需求调整内容长度和细节）

通过对比以上案例，不难发现，在角色设定后，DeepSeek的回答增加了有学科特色的案例，并站在学科视角下进行反思，从而增加了"定制回答"的独特性。

Part2

解锁 24 小时助手：随时待命的支持者

面对 AI 这个"天才助手",你有没有想过——AI 为什么能像人类一样对话？

网上各种大神在使用 AI 时,AI 的回答逻辑缜密、直击要害,而你用的时候,AI 却像个"智能复读机",甚至答非所问？为什么有的 AI 只会表面聊天,而有的 AI 能进行深度推理,甚至像人类一样拆解问题、推演逻辑？这并不是 AI 的"随机发挥",而是由它的底层架构和训练方式决定的。

很多人以为,AI 只是一个大数据库,把互联网上的信息整合后给出答案。但真正强大的 AI,不仅仅是记住大量知识,而是要"理解"信息的内在含义和逻辑关系,并基于逻辑推理给出最优解。那它和人类的"思维方式"到底有什么不同？

我们从两方面来拆解 AI 如何实现"智能对答",揭秘它"思考"的底层架构：

AI 的推理模型 vs 非推理模型——DeepSeek、GPT-4 这样的推理大模型,是如何做到逻辑严密而不仅仅是"凑字数"？

Transformer 架构 + 预训练 & 微调——AI 大语言模型究竟是如何学会"阅读"和"表达"的？

知己知彼，
先了解，再应用。

2.1 知己知彼：
AI 为什么能像人一样对话？

AI 思考的分水岭：推理模型与非推理模型

为什么有些AI擅长写作、翻译、总结，却在复杂推理面前直接"宕机"？为什么有些AI不仅能理解语言，还能像人类一样推理、分析，甚至秒解数学难题？核心区别就在于AI大脑的"底层架构"。

所以，在真正驾驭AI之前，你首先要搞清楚——你面前的AI，到底是"语言大师"，还是"逻辑天才"？

人工智能大模型可以大致分为两类：

- √ 推理大模型：不仅会说，还会"想"，具备逻辑推理和数学分析能力。
- √ 非推理大模型：擅长语言处理，但推理能力有限，更像是"智能文本处理器"。

让我们拆解一下它们的核心区别：

推理大模型：让 AI 真正"思考"

如果说传统AI只是"会背书的学霸"，那么推理大模型更像是善于思辨的高智商人才。它不仅能理解文本，还能推断因果关系，解决复杂问题，甚至进行多步逻辑推演。

这些模型的核心特性是什么？

- 逻辑推理：能理解前因后果，不只是单纯地"记住"信息，而是主动分析。
- 数学能力：能够处理复杂计算、公式推导，甚至在数学竞赛级别的难题上表现出色。
- 实时决策：适用于金融预测、科学研究、战略分析等高阶任务。

代表案例：

DeepSeek-R1、GPT-4o——在数学推理、逻辑分析、实时决策等领域表现出色，能够解决高复杂度的推理任务。

因此，这类AI可以完成数据分析、商业决策、金融建模、科研计算、代码优化等需要逻辑思维的场景。

非推理大模型：擅长语言，但推理有限

相比之下，非推理大模型的强项是语言理解和文本生成，例如在文章创作、翻译、对话等方面表现出色。它们依靠海量数据训练，深入掌握语言的模式和规则，能够生成流畅自然的文本。然而，在推理、数学、逻辑分析等方面相对薄弱，难以处理复杂的逻辑问题和数学计算。

它们的特点是什么？

- 语言理解：能处理阅读理解、摘要生成、信息提取等任务。
- 流畅表达：适用于文本创作、客服对话、营销文案等内容生产领域。

·**数据驱动**：依靠海量语料训练，生成自然、符合语境的文本。

代表案例：

GPT-3、GPT-4（OpenAI）、BERT（Google）——广泛应用于文本分类、机器翻译、对话系统，但在数学推理、深度逻辑分析上仍有局限。

这类AI适合写作、翻译、社交媒体运营、自动客服等需要语言能力的场景。

语言大师 vs 逻辑高手，谁更胜一筹？

如果把AI拿来对比——非推理大模型更像是语言大师，能写出流畅自然的文本，但遇到复杂逻辑问题容易"翻车"。推理大模型则是逻辑高手，除了能说会道，还能做数学题、写代码、分析趋势，甚至预测市场动向。不同类型的大模型在能力、应用场景和局限性上存在显著区别。

对比维度	推理模型（逻辑高手）	非推理模型（语言大师）
优势领域	数学推理、科学研究、数据分析、编程、战略决策、商业智能	文章创作、翻译、社交媒体营销、自动客服、文本摘要
劣势领域	自然语言生成相对不够流畅，可能较严谨但缺乏创意	逻辑推理能力较弱，容易在因果关系和数学计算上出现"幻觉"
性能本质	强化逻辑链，能够进行因果推理、复杂推演、决策优化	依赖大规模语料训练，通过模式匹配生成合理文本
典型代表	DeepSeek-R1、GPT-4o（推理增强）	GPT-3、GPT-4、BERT（通用NLP任务）

续表

对比维度	推理模型（逻辑高手）	非推理模型（语言大师）
适用场景	金融分析、学术研究、数据建模、代码优化、市场预测、自动驾驶	新闻写作、品牌营销、客服聊天、社交媒体内容生成

不难看出，我们首先需要根据自己的需求，选对AI！

· 如果你需要一个能"思考"的AI，帮你做市场分析、金融建模、学术研究、编程优化——推理大模型是你的最佳选择。

· 如果你需要一个能"表达"的AI，帮你写文章、做营销、生成社交媒体内容——非推理大模型更擅长这类任务。

DeepSeek依托于先进的推理大模型，那推理大模型和非推理大模型，在使用技巧上有什么不同呢？

不同的AI模型，对"提示词"的理解方式截然不同。一个高效的提示词，能让AI输出更精准的答案。而在推理大模型和非推理大模型之间，提示词的设计方式也有很大差异。

推理大模型：高智商选手，一点就通

推理大模型已经内化了复杂的逻辑思维，因此不需要复杂的提示语，无须手把手指导，它会自动生成合理的推理过程。

√ 提示词可以更简洁，只需明确任务目标，AI就能自主推理，无须过度引导。

√ 自动结构化推理，遇到复杂问题会自主拆解分析，强行手动拆解反而可能"绑手绑脚"，限制它的推理能力。

非推理大模型：聪明但需要"扶一把"

相比之下，非推理大模型并未深度强化推理能力，如果不给出清晰的思考路径，它可能会跳过关键逻辑或给出片面的答案。

- 需要显式引导推理步骤，如果不提供"逐步思考"提示，AI可能会跳过关键逻辑，得出错误结论。
- 依赖提示词弥补短板，要通过"分步分析、提供示例"等方式，手把手引导AI进行更精准的推理。

尽管本书重点讲解的DeepSeek依托于先进的推理大模型，可以让你少啰唆，比你想得还要更快更准，但有些小伙伴有时仍会使用到非推理大模型，记得多给点提示，否则AI可能会"偷懒"跳步。

AI"表达"的核心结构

AI之所以能做到这种级别的"伪智能"，依赖三个核心技术，Transformer结构是AI语言能力的关键，也是GPT、DeepSeek这类大模型的核心架构，而预训练和微调则是AI的"学霸养成计划"：

Transformer结构核心技术点：

- 多头注意力（Multi-Head Attention）：AI并行分析句子中的不同层次关系，比如"AI"和"工作"之间的核心联系。
- 位置编码（Positional Encoding）：AI无法直接理解句子顺序，但通过位置编码，它能知道哪个词更重要，比如"如何工作"比"是如何"更关键。

预训练（Pre-training）：AI先在海量数据上学习语言模式（类似

于"自学")。

微调（Fine-tuning）：针对具体任务（如写代码、翻译），进行额外训练，让AI更擅长特定任务（类似"补习班"）。

因此，AI不会推理，不懂情感，更不明白对错，它能写出像人类一样的回答，并不是因为它"懂"了，而是因为它在预测，是在"模拟思考"，生成最符合语言模式的结果。所以它可能会出现以下问题：

问题类别	局限性描述	具体表现
无法真正"理解"问题	AI依赖统计模式，无法进行因果推理	只能模仿专家回答，但不理解背后的逻辑
知识有限&可能产生幻觉	仅能基于训练数据回答问题，数据不准确时，答案也会偏离事实	可能"自信地胡编"，如错误引用论文、编造数据
无法自我验证真伪	生成的答案不会主动检查正确性	若计算错误，不会意识到自己错了，例如数学推理出错但仍然给出答案

当然，AI学者们也在努力地寻求解决方案，比如检索增强生成（RAG），可以结合外部数据库，提升事实准确性；强化学习（RLHF），可以基于人类反馈优化答案质量。但是在仍有一些局限性的今天，我们如何最大程度地用好AI呢？

√ 问题要清晰，避免模糊表达，否则AI会自己"脑补"。

√ 推理类问题，建议让AI分步骤思考，否则它可能直接"跳结论"。

√ 创造性任务，可以调高"温度"，让AI生成更有趣的答案。

√ 事实类问题，结合搜索引擎或数据库验证，避免被"AI幻觉"误导。

2.2 AI 的工作流：Token 决定"理解力"和"记忆力"

AI为什么能"理解"你的问题，并给出流畅的回答？表面上，它像是在"智能对答"，但本质上，这只是一场高级的"文字接龙"游戏。

当你输入一句话时，AI不会像人类一样思考，而是通过统计概率预测最可能出现的下一个词。它的回答并不是从某个固定的知识库中"查找"出来的，而是基于训练数据学到的语言模式，一步步生成合理的句子。

所以Token 就是AI语言理解的"基本单位"，如果把AI比作一个超强速记员，那么 Token 就是它记录和回忆信息的最小单位。AI处理语言时，并不会直接读取整句话，而是先拆解成 Token，然后再逐步分析，最终拼接成连贯的答案。

你可以把 Token 想象成AI交流的"字节"，它决定了：

√ AI能处理多少信息（记忆力上限）。

√ AI生成的文本长度（回答的完整性）。

√ AI的语言理解方式（如何解析复杂语义）。

那么AI如何切分 Token？不同的AI语言模型，采用不同的方式切分Token，主要有以下几种：

Token 类型	解释	示例
词级 Token	每个完整单词作为一个 Token	"beautiful"
子词级 Token	一个单词可能被拆分成多个 Token（提高适应性）	"beau" "ti" "ful"
字符级 Token	每个字符单独作为一个 Token	"b" "e" "a" "u" "t" "i" "f" "u" "l"

简单来说，Token 就是AI处理文本的"砖块"，AI通过 Token 解析语句、预测下一个词，最终生成完整的回答。

那么为什么AI聊着聊着就"失忆"了？为什么长文本输入后，AI只能记住前半部分？因为每个AI模型的"记忆力"是有限的，上下文窗口长度（即模型在一次交互中能够处理的最大Token数量）是衡量其"记忆力"的关键指标。以下是对Kimi、GPT-4、DeepSeek等模型在Token处理能力方面的比较：

模型版本	长度	Token 处理能力	备注
GPT-4	8K Token	约 6000 个英文单词或 3000 个汉字	适用于大多数日常对话和短文生成
GPT-4 Turbo	128K Token	约 96,000 个英文单词或 48,000 个汉字	支持超长上下文处理，适合处理大型文档
Kimi	10M 级窗口	约 7,500,000 个英文单词或 3,750,000 个汉字	在上下文窗口长度方面处于领先地位
DeepSeek-V3	64K Token	约 48,000 个英文单词或 24,000 个汉字	提供较大的上下文窗口，适合处理长文本

以GPT为例，GPT-4 Turbo 的 Token 长度是 GPT-4 的16倍！这意味着它可以一次性阅读一整本书，而不用担心"遗忘"前面内容。需要注意的是，虽然更长的上下文窗口可以帮助模型更好地处理长文本，但这

也对计算资源和模型优化提出了更高的要求。

因此，Token 是AI的主要工作流，决定了AI的输入、理解和输出。

- 输入时，AI先把文本拆解成 Token，分词，编码，建立上下文之间的关联。
- 理解时，AI通过 Token 之间的关系，判断问题的语义和重点。
- 输出时，AI根据概率生成最合适的 Token，逐步拼接成完整的回答。

因此，Token 就是AI处理文本的"砖块"，模型通过拆解 Token 进行输入、理解、输出，AI逐步处理后给我们回答。

输入阶段：AI 解析指令——把你的问题拆解成 Token

AI在听懂你的问题之前，首先要拆解，编码，再建模，就像一个高效的解题高手，先抓住关键词，再推断你的意图。这涉及几个关键环节：

词元分解：拆解你的问题。

AI不会像人一样读完整句话，而是先把你的输入拆成一个个"词元"，相当于把问题切片处理。

比如：你问"AI是如何工作的？"

AI可能拆解为"AI""是""如何""工作""？"。

理解阶段：AI 如何分析 Token 之间的关系？

AI生成回答时，并不真正"理解"单个词的含义，而是通过 Transformer 架构 来分析 Token 之间的关系。它依赖上下文和统计模式进行推理，而不是像人类一样进行深度思考。

上下文编码：建立语义理解。

AI在处理输入时，首先要判断哪些词更重要，这就是注意力机制的作用。

√ 核心概念：

- AI计算句子中哪些词的关联度更高，哪些词是次要成分。
- 例如，分析"AI是如何工作的？"时，AI会认为"AI"和"工作"之间的联系最强，而"如何"只是辅助信息。

换句话说，AI通过这种方式"过滤噪声"，就像AI在做"阅读理解"，专注于关键语义关系。

类型分析：判断问题类型和语境

AI还会结合历史对话，识别你的问题属于哪种类型，比如同一个词，在不同语境含义不同：

- "AI画画"——这里的"AI"指的是 Midjourney、Stable Diffusion 这类生成式绘画工具。
- "AI代码"——这里的"AI"指的是 DeepSeek-Coder、GitHub Copilot 这样的编程辅助 AI。

√ **AI 会通过历史对话分析，判断你是在问：**

- AI的原理？（技术解析类问题）
- 不同AI的对比？（优缺点分析）
- 特定场景的应用？（如AI画画 vs AI写代码）

因此在我们前面讲的"模型密码二：角色设定法"中，建议大家补充更充分的背景。

识别意图并提取关键信息

AI并不会真正"理解"你的问题，而是在模式匹配：它基于训练数据，匹配已学过的模式，就像考试时根据题型猜测解题套路。

√ AI会尝试识别你的提问模式：

- 你在要定义？ → "AI是什么？"
- 你在要对比？ → "GPT-4 和 DeepSeek 哪个更强？"
- 你在要解释原理？ → "AI是如何工作的？"

AI通过统计模式判断你的提问类型，而不是靠真正的逻辑推理。这也是为什么有时AI的回答可能逻辑看似合理，但本质上缺乏真正的思考能力。

因此，AI对于问题的理解，本质上是依赖 Transformer 架构，对 Token 进行识别后进行上下文分析和语义建模，是一种概率驱动的模式匹配。

生成阶段：Token 的"接龙游戏"

AI并不会一次性给出完整的答案，而是逐个预测下一个最可能出现的 Token，直到形成连贯的句子。这一过程，就像是一场"文字接龙游戏"，AI只是根据统计概率选出最合理的下一个词，而不是主动"思考"答案。

那么AI如何预测下一个 Token？当AI解析你的问题后，它会基于语言模型的概率计算，选择最可能的词汇，并逐步构建完整的回答，比如：

- AI看到"AI"这个词后，它可能预测：

  "是一种"（概率60%）

  "可以"（概率30%）
- AI选择概率最高的 Token（"是一种"），然后继续预测下一个 Token，直到形成完整的答案。

这一过程符合语言模型的概率计算公式：

$P(答案|问题) = \prod P(词\_i | 问题, 词\_1, ..., 词\_{i-1})$

简单来说，AI不是查找固定答案，而是通过数学计算，找出最符合语境的下一个词。那么AI如何决定答案的方向呢？

语言模型预测：选"最有可能的词"

AI不会存储固定答案，而是基于训练数据计算各种可能的回答，并选择概率最高的选项。例如，你问："AI的核心技术是什么？"

AI可能会给出多个选项，并计算各自的概率：

- "深度学习"（80% 概率）
- "神经网络"（75% 概率）
- "人工智能"（40% 概率）

最终，AI选择概率最高的词，继续生成完整答案。

影响AI回答风格的关键参数：

温度：决定答案的确定性 vs 创造性

- 低温度（如 0.2）：回答更精准、更理性，适用于数学、法律、科技类问题。
- 高温度（如 0.8）：增加随机性，让回答更具创造力，适用于诗歌创作、营销文案写作。

搜索策略：优化答案的连贯性

AI不会只考虑一个答案，而是同时生成多个候选答案，然后选择最符合上下文、逻辑最连贯的版本输出。

这也是为什么AI有时候回答非常精准，而有时候又像"在瞎编"——它并不是在思考，而是在不断计算"最可能出现的词"！

因此，AI本质上是一台"概率驱动的语言预测器"，通过统计概率预测下一个 Token，它不会真正"理解"问题，而是依赖训练数据来预测最可能的回答！

而Token 决定了AI的"理解力""记忆力"，甚至"推理能力"，直接影响AI的表现。

掌握这些规则，你就能更精准地"调教"AI，让AI回答得更精准，比如：

√ 控制输入 Token：尽量简洁明了，不要浪费 Token，比如不要加入多余的寒暄："你好，我想请教一个问题……"（这些字都是 Token 占用！）

√ 分步骤提问：如果任务复杂，拆成多个短问题，避免AI因 Token 限制而丢失重要信息。

√ 选择适合的AI版本：如果需要处理长文本，比如法律合同、

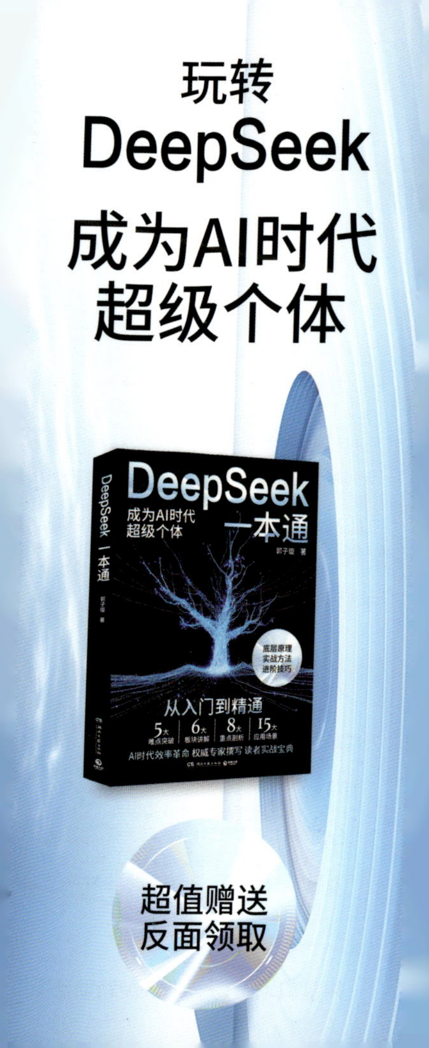

扫码

DeepSeek
成为AI时代
超级个体

超值随送
名片夹鼠标垫

DeepSeek 成为AI时代超级个体

从入门到精通

5大板块 · 6大场景 · 8大应用 · 15个案例
AI时代商业革命·超级个体崛起·重塑你的未来

立即扫码
领取超值权利

解锁AI时代个体跃长代码

加入我们的专属社群,
获得本书专属权利,
开启AI原生学习旅程!

独家福利免费领取

★《AI理财实战手册》:开启财富新副业!★
价值199元
投资风口,参考书中策略让投资为你创造被动收益!

★《AI变现7天急攻略》:副业月入非不是梦文》★
价值699元
7天掌握AI写作实战技巧,从零开始领你赚第一笔收入!

课程持续更新中,知识永不掉线!

本书专享独家电子资料包

★《AIGC国内外常用工具合集》★
为便捷更用,持续更新,助力办公学习工作与生活!

★《本地部署实令手册》★
基于DeepSeek详解料
轻松掌握本地化部署,优化训练,安全更放心!

★《大模型提示词8大核心案例》★
覆盖AI绘图片创作、视频生成等8大核心案例

★《AI跟就会回答技巧》★
零基础入门指,解锁AI精准问答未来

★关注极速通道,抢读AI新内容★

学术论文，建议使用 GPT-4 Turbo、DeepSeek等，避免AI"遗忘"上下文。

掌握 Token 规则，让AI成为你的超强智囊团，而不是"记不住事"的聊天机器人！

2.3 AI 的指令：
提示词有多重要

尽管大语言模型能力很强，但它们面世的时间其实很短，而且目前依然处于高速的发展和变化中。在了解了AI回答生成的底层逻辑后，我们可以把大语言模型当作一个"知识储备惊人的孩子"，你必须像训练助手一样给出明确的指令，而不是让AI根据概率来"猜"你的意图。指令应该清晰、具体、有引导性，这样才能让AI更准确地理解你的需求并提供合适的回答！

为了让我们学会更好地和大语言模型交流，让AI成为你的超级助手，我们首先得要了解一下提示工程——"AI沟通的艺术"。

简单来说，提示词就是AI的"指令语言"，让我们在使用生成式人工智能，如ChatGPT、Midjourney、DeepSeek时，能够用最精准的方式与AI交流，让AI理解你的意图，并给出最优答案。通过精心设计的提示词，我们可以引导AI生成符合我们需求的内容，提高交流的效率和质量。

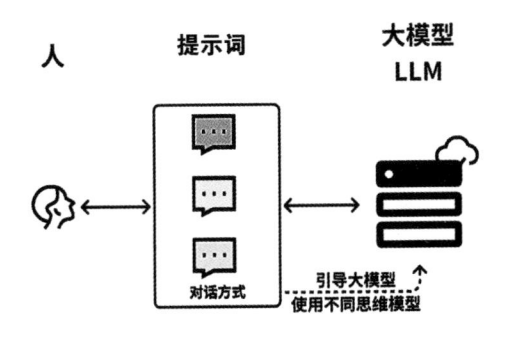

(图片引用自 CSDN)

因此，提示词决定了AI回答的质量，它可以是一个问题、命令、描述，甚至是一整段指令，它的目标就是让AI知道，你到底想要什么！下面是几种常见的提示词类型：

类型	定义	示例	AI 的响应方式
问题式提示词	以提问的方式向 AI 询问信息或知识	"什么是黑洞？"	AI 通过既有知识库提供解释或科普
命令式提示词	直接向 AI 下达指令，要求执行某个具体任务	"请计算 10 的平方根。"	AI 执行计算、翻译、代码生成等任务
描述式提示词	提供详细描述，让 AI 进行创造性输出（如图像、故事）	"画一幅太空中的星系图。"	AI 根据描述生成符合要求的内容，如图像、文本
交互式提示词	与 AI 进行多轮对话，引导 AI 提供更符合需求的答案	"我想找像《盗梦空间》那样烧脑的电影，请推荐几部。"	AI 结合上下文，推荐相关内容，并可进一步交流

可以说提示词决定了AI的"智商"，AI的智能程度，不取决于它本身，而取决于你如何提问，比如：

模糊的提示词："帮我写个文章。"

063

优化后的提示词："请写一篇 1000 字的科技趋势文章，聚焦 AI 在教育领域的应用，并提供 3 个案例。"

模糊的提示词："推荐几本好书。"

优化后的提示词："请推荐 5 本适合初创公司 CEO 阅读的商业管理书籍，并简要概括核心内容。"

提示词不是 AI 的附属品，而是你与 AI 沟通的桥梁。当前有很多提示词设计框架，其中相对权威的主要有：

ChatGPT 的开发公司 OpenAI 提到的一种常见的提示词设计框架：

1. 指令清晰：避免模糊表达，确保任务具体明确。
2. 提供示例：加入参考资料或示例，帮助模型理解。
3. 拆解任务：将复杂请求分步处理，提升执行效果。
4. 引导思考：鼓励逐步推理，增强回答深度。
5. 结合工具：借助外部资源，扩展信息获取能力。
6. 优化测试：尝试不同提示，调整以获得最佳结果。

Claude 的开发者们提供了一个相当详细的提示词教程，由浅入深地设计了各种情况下的提示词：

初级

1. 基础提示结构：了解提示词的基本组成方式。
2. 清晰直接：确保提示明确、具体，减少歧义。
3. 分配角色：让 AI 扮演特定身份，提高回答的专业性。

中级

4. 分离数据与指令：将输入数据与提示结构分开，提升通用性。

5. 格式化输出：使用标准格式（如 JSON）控制AI响应的结构。

6. 逐步思考：引导AI逐步推理，提高回答逻辑性。

7. 使用示例：提供 Few-Shot 示例，帮助AI理解预期的输出格式。

高级

8. 避免幻觉：减少AI生成错误或虚假信息的方法。

9. 构建复杂提示：针对不同行业（如法律、金融、编程）定制高效提示词。

除此之外也有一些学术论文或开发者社区提出了不同的提示词设计原则，看着蒙圈是不是？别担心，回忆一下我们的Part 1，指令式提问和角色设定法早已不知不觉进入了你的脑子里。

2.4 提问公式："问得好"SOP

前面我们聊到了AI是如何"听懂"你的问题的。知己知彼，我们才能一步步来实现"问得好"。回忆一下Part 1提过的两大提问原则：明确目标，补充背景。这里为了更好地指挥我们的超级助理，奉上一套进阶 SOP（标准操作流程），让你的AI提问从"随口一问"进化成"精准指令"。

Step1：精准发问，用"5W1H"锁定需求

相信大家已经了解，结构化提问 ≠ 随口一问，而是一种高效的思维工具，它帮助我们从不同维度拆解问题，让目标更明确，任务更聚焦，所谓结构化的核心思维是：

- 从宏观到微观："我的目标是什么？"（大方向）→ "最终想要达到什么效果？"（具体执行）
- 避免模糊指令："尽量详细""多一些内容" 这些描述对AI来说没有意义，你需要给出可衡量的目标。

案例解析：想让AI生成一个营销方案，你可以这样问——

× 错误示范："帮我写个营销方案。"（AI不知道目标是什么，方案用于哪个行业、什么场景。）

√ 精准提问："为某科技公司新推出的AI硬件产品制订一份社交媒体营销方案，目标是提高品牌曝光，预算20万，重点投放B站和小红书。"（目标清晰，AI才能有针对性地输出高质量内容！）

那在问AI的时候具体怎么做呢？不妨借助经典的5W1H结构化提问法，从不同角度拆解问题。

提问角度	示例问题	对AI的作用
What（是什么）	这个任务的核心目标是什么？	帮助AI理解关键任务
Why（为什么）	为什么要做这件事？目标是什么？	确保AI生成的内容符合你的需求
Who（谁来做）	受众是谁？面向B端还是C端？	让AI输出符合特定群体的内容
When（何时做）	这个任务的时间节点是什么？	让AI生成符合时间背景的方案
Where（在哪里做）	适用于哪个平台（如公众号、微博、B站）？	让AI适配不同传播渠道
How（怎么做）	具体执行步骤是什么？	让AI生成更有条理的方案

案例解析：想让AI生成一份市场分析报告，你可以这样提问——

× 低效提问："帮我分析市场。"（AI可能生成一篇泛泛而谈的废话文。）

√ 5W1H结构化提问："请基于2024年［When］数据，［What］分析国内［Where］AI语音助手市场现状，［How］重点关注用户需求变化、竞品对比（包括DeepSeek、GPT-4o、科大讯飞），并提出市场机会［Why］。"目标受众［Who］为科技行业从业者、市场分析师及企业决策者。（AI立刻能理解你的需求，给出精准分析！）

AI不是"读心术大师"，它更像是"逻辑执行者"——你给出的信息越精准，它的回答就越高效！所以，下一次和AI对话前，先想清楚：我的5W1H是什么？

Step2：刨根问底，拆解任务主要因素

目标清晰 ≠ 能实现目标。如果你已经明确了方向，但AI生成的内容依然"翻车"，这可能是忽略了影响目标达成的关键因素。

管理学家亨利·明茨伯格指出，一个有效的策略，必须基于对影响目标实现的关键因素的深度分析。

简单来说，如果你不知道哪些要素影响AI输出的内容质量，你就需要列举主要的影响因素，继续提问！所以，在AI给我们的答案不够准确时，我们需要结构化拆解问题，来逐个击破。

你可能听过一句话："将大目标拆成小任务，难题就能迎刃而解。"假设你要负责一场重要的新品发布会，如何确保它顺利进行？首先，你需要拆解整个任务，并分析每个环节的关键影响因素。

子任务	影响成败的关键因素
确定主题和目标	市场趋势、目标受众需求、品牌定位
设计活动流程	参与者体验、时间安排的合理性、活动的创新性
选择场地和时间	场地容量及设施、时间便利性、预算
邀请嘉宾和媒体	嘉宾的知名度和影响力、媒体的覆盖范围和受众匹配度
制订宣传推广计划	宣传渠道的有效性、宣传内容的吸引力、预算
安排后勤保障	餐饮、交通、住宿等安排的合理性和成本

我们先按照5W1H结构化提问法对DeepSeek提出指令：

请基于2024年[When]最新数据，分析AI在K12（美国基础教育）和高等教育市场[Where]的应用现状[What]，重点关注个性化学习、智能批改、虚拟教师等核心技术[Why]，对比主流AI产品（如ChatGPT、DeepSeek、Kimi）在不同场景下的优势与局限[Who]，并提供针对政策、技术、市场趋势的落地建议[How]。

> **DeepSeek 生成示例：**
> 基于 2024 年 [When] 最新数据的 AI 在 K12 和高等教育市场 [Where] 的应用现状分析
>
> 1. 应用现状 [What]
> 2024年，AI 在 K12 和高等教育市场的应用已经深入多个核心领域，主要包括：
> 个性化学习：通过 AI 算法分析学生的学习数据，提供定制化的学习路径和资源推荐，帮助学生更高效地掌握知识。
> 智能批改：利用自然语言处理技术，自动批改作业和试卷，减轻教师负担，提高批改效率。
> 虚拟教师：AI 驱动的虚拟教师能够进行实时互动教学，解答学生疑问，提供全天候的学习支持。
>
> 2. 核心技术 [Why]
> 个性化学习：依赖于机器学习和数据分析技术，通过分析学生的学习行为、成绩和反馈，生成个性化的学习计划。
> 智能批改：基于自然语言处理和深度学习技术，能够理解并评估学生的书面回答，提供详细的反馈和评分。
> 虚拟教师：结合语音识别、自然语言处理和知识图谱技术，模拟人类教师的互动和教学方式。
>
> 3. 主流 AI 产品的优势与局限 [Who]
> ChatGPT：
> 优势：强大的语言生成和理解能力，适用于广泛的互动教学场景。
> 局限：在处理复杂学科知识和深度互动时，可能存在理解偏差和回答不准确的问题。
> DeepSeek：
> 优势：专注于教育领域的深度优化，提供更精准的个性化学习推荐和智能批改服务。
> 局限：市场知名度相对较低，用户基础较小。

> Kimi：
> 优势：在虚拟教师和实时互动教学方面表现突出，能够提供高质量的互动体验。
> 局限：技术复杂度高，部署和维护成本较高。
>
> 4. 落地建议 [How]
> 政策层面：
> 制定 AI 教育应用的标准化规范，确保数据隐私和安全。
> 提供政策支持和资金补贴，鼓励学校和机构采用 AI 技术。
> 技术层面：
> 加强 AI 算法的透明性和可解释性，提高教师和学生对 AI 系统的信任。
> 持续优化自然语言处理技术和机器学习模型，提升智能批改和虚拟教师的准确性和互动性。
> 市场趋势：
> 推动 AI 教育产品的多样化和定制化，满足不同学校和学生的需求。
> 加强市场教育和用户培训，提高 AI 教育产品的普及率和接受度。
>
> 通过以上分析，可以看出 AI 在 K12 和高等教育市场的应用前景广阔，但仍需在政策、技术和市场层面进行持续优化和推动，以实现更广泛和深入的落地应用。

尽管它的回答相对准确也有完整的观点，但缺乏一些具体的数据支撑，也缺少很多细节，那么我们可以按照"拆解子任务"的方式，来逐步引导AI，比如：能否提供应用现状的具体案例及详细数据？

那么如何拆解出更具体的"子任务"呢？通常我们可以从以下3个方面来对AI继续发问：

分析维度	参考问题
1. 任务分解	√ 这项任务可以拆解成哪些子任务？
	√ 每个子任务的关键环节是什么？
2. 关键影响因素	√ 影响这个子任务成功的因素有哪些？
	√ 是否有外部环境因素（如市场趋势、政策变化）会影响执行？
	√ 是否存在资源限制（如预算、团队能力）？

续表

分析维度	参考问题
3. 预判可能的挑战	√ 可能遇到的最大阻碍是什么？
	√ 这些问题有没有预防措施？

但是如果我们对于"任务"还不是特别熟悉，不知道如何拆解子任务，或者你的子任务仍然无法得到更具体的回答怎么办呢？别急，我们问问AI：

> 以上回答中还有哪些重要的[AI在K12和高等教育市场的应用分析报告]的子任务没有回答明确？

> 在以上回答中，虽然涵盖了AI在K12和高等教育市场的主要应用领域（如个性化学习、智能批改、虚拟教师）以及主流AI产品的对比分析，但仍有一些重要的子任务未明确回答或需要进一步补充。以下是需要明确或补充的内容：
>
> **1. 具体应用场景的细化分析**

然后就针对你重点探讨的部分，继续刨根问底就好啦，比如：

√ 针对任务分解再提问："请针对 K12 教育市场，分析AI在智能批改作业和个性化教学中的应用。"

√ 针对关键因素再提问："请对比AI在 K12 和高等教育中的不同应用场景，并列举 3 个成功案例。"

Step3：创新外脑，重新定义问题

克莱顿·克里斯坦森在《创新者的窘境》中指出："创新往往源于对现有方法的不断质疑和探索。"

这意味着，我们不仅要让AI回答问题，更要利用AI挖掘新思路，那

么，如何通过优化提问方式，让AI成为你的创新引擎？

重新定义问题：用不同角度挑战 AI

创新的第一步，是换个角度看问题。如果你总是用相同的方式提问，就只能得到相同的答案。那么如何获得全面的分析？我们引导AI从不同视角进行分析，以获得更全面的见解。

传统提问："如何提高产品的市场份额？"（AI可能会给出常规的营销策略。）

创新提问：

"如果我们的目标不是提高市场份额，而是让用户主动分享产品，我们该怎么做？"（让AI提供更具创意的用户增长策略。）

"请从技术、市场、政策3个角度分析人工智能对传统制造业的影响。每个角度至少列出3点。"（帮助你得到更加全面、深入的分析结果。）

不难看出，传统提问方式容易让AI走向"标准答案"模式，而创新提问能让AI打破固有框架，探索新的解决方案。鼓励AI进行反向思考，提出差异化策略，而不是简单地沿用已有方案，有时候会有意想不到的收获。

多维度提问：激发AI的"创意脑洞"

如果你希望AI提供真正创新的解决方案，那么可以引导它从不同维度思考。比如我们Part 1提到过的角色设定法，当AI扮演不同角色的时候，同一问题也会给我们不同的答案。

比如我们提问："假设你是耐克的首席营销官，你会如何打造爆款社交媒体营销方案？"AI可以模仿行业顶级专家的思维方式，生成更有价值的建议，也可以让AI站在竞争对手、用户、投资者等角度思考问题，突破固有视角。

我们再来列举两种新方法：

极端假设法

比如将普通提问："如何提高AI课程的学习体验？"换成："如果AI课程必须在 7 天内让零基础学员上手，课程设计需要怎么调整？"通过"极端设定"倒逼AI重新思考方案，让它给出不同的路径，而不是基于常规经验。

未来趋势探索

比如将普通提问："如何让AI提升内容创作的效率？"换成："如果 3 年后AI具备自主创作能力，内容创作者该如何调整自己的核心竞争力？"可以让AI预测未来趋势，帮助我们提前规划策略，而不是只关注短期优化。

让AI自己挑战 AI：多角度对比分析

如果你只让AI生成单一答案，它可能会给出一个"听起来不错但未经验证"的方案。但如果你要求它从多个角度分析和对比，你会得到更有深度的洞察。比如我们可以：

让AI生成多个方案

将普通提问："如何提升用户留存率？"换成："请提供 3 种完全不同的用户增长策略，并分析它们的优缺点。"可以让AI一次性提供多个选择，避免"单一答案"的局限性，并通过对比分析，找到最符合实际需求的方案。

让AI反驳自己的观点

将普通提问："如何提升短视频内容的互动率？"换成："请先提

供一套提升短视频互动率的策略，然后假设你是该策略的反对者，指出这套策略可能失败的 3 个原因，并提供改进方案。"通过让AI自己挑战自己的逻辑，避免单向思考，我们可以看到AI构建的正反对立观点，获得更全面的策略优化建议。

因此，要让AI成为我们的"创新外脑"，是我们要用"创新的方式"去引导 AI：

√ 换个角度提问，让AI跳出常规思维（重新定义问题）。

√ 用角色设定、极端假设等方法，激发AI的创意潜能（多维度提问法）。

√ 要求AI生成多个方案、挑战自己的逻辑，提升答案的深度和可行性（多角度对比分析）。

Step4：靠谱落地，让AI给出可执行的行动计划！

那么问题来了：AI给的建议再好，如果没有明确的执行计划，依然难以落地。如何让AI不仅提供策略，还能给出清晰、可操作的行动计划？

案例：让 AI 生成时间轴

> **提示句：**
> 请为"AI 在教育行业的市场推广"制订 3 个月的行动计划，并以表格的格式输出，包括任务名称、开始时间、结束时间、任务依赖关系。
>
> **DeepSeek 生成示例：**
> 以下是针对"AI 在教育行业的市场推广"制订的 3 个月行动计划，以表格形式呈现，包括任务名称、开始时间、结束时间及任务依赖关系。

任务名称	开始时间	结束时间	任务依赖关系
第一阶段：市场调研与需求分析			
1.1 确定目标市场（K12、高等教育）	第1周	第1周	无
1.2 调研竞争对手产品及市场份额	第1周	第2周	依赖1.1
1.3 收集潜在客户（学校、教师、学生）需求	第2周	第3周	依赖1.1
1.4 分析政策环境及法规限制	第2周	第3周	无
1.5 形成市场调研报告	第3周	第4周	依赖1.2，1.3，1.4
第二阶段：产品优化与定位			
2.1 根据调研结果优化产品功能	第4周	第5周	依赖1.5
2.2 制定产品差异化定位策略	第4周	第5周	依赖1.5
2.3 开发试点版本（如个性化学习模块）	第5周	第6周	依赖2.1
2.4 内部测试与反馈收集	第6周	第7周	依赖2.3
第三阶段：试点推广与合作			
3.1 选择试点学校或机构	第7周	第7周	依赖1.5
3.2 部署试点产品并培训教师	第7周	第8周	依赖2.4，3.1
3.3 收集试点用户反馈	第8周	第9周	依赖3.2
3.4 根据反馈优化产品	第9周	第10周	依赖3.3
第四阶段：全面推广与营销			
4.1 制定市场推广策略（线上+线下）	第10周	第10周	依赖1.5，2.2
4.2 制作营销材料（宣传视频、案例研究）	第10周	第11周	依赖4.1
4.3 开展线上推广（社交媒体、SEO）	第11周	第12周	依赖4.2
4.4 开展线下推广（教育展会、研讨会）	第11周	第12周	依赖4.2
4.5 与教育机构签订合作协议	第12周	第12周	依赖3.4，4.1
第五阶段：效果评估与调整			
5.1 评估市场推广效果（用户增长、反馈）	第12周	第12周	依赖4.3，4.4
5.2 调整推广策略并制订下一步计划	第12周	第12周	依赖5.1

行动计划说明：
1. 第一阶段：通过市场调研明确目标市场和需求，为后续产品优化和推广奠定基础。
2. 第二阶段：根据调研结果优化产品功能，并制定差异化定位策略，确保产品符合市场需求。
3. 第三阶段：通过试点推广验证产品效果，并根据用户反馈进一步优化。
4. 第四阶段：全面开展市场推广活动，结合线上和线下渠道扩大品牌影响力。
5. 第五阶段：评估推广效果，及时调整策略，为后续长期推广提供依据。
通过以上计划，可以在3个月内完成市场调研到全面推广的完整流程。确保AI教育产品的市场推广高效且目标明确。

ChatGPT 回答：

任务名称	开始时间	结束时间	依赖任务	责任人
研究市场需求	2024-07-01	2024-07-07	无	市场分析团队
确定目标受众	2024-07-08	2024-07-12	研究市场需求	产品经理
设计营销方案	2024-07-13	2024-07-20	确定目标受众	市场团队
AI生成推广内容	2024-07-21	2024-07-30	设计营销方案	内容运营
KOL（关键意见领袖）合作与推广	2024-08-01	2024-08-15	AI生成推广内容	商务拓展团队
复盘优化	2024-08-16	2024-08-25	KOL合作与推广	增长团队

不难看出，在生成的内容上：DeepSeek生成的任务清单有更多的细节，结构清晰，逻辑性强，适合长期规划；GPT的任务结构更加简单直接，适合快速执行。与此同时，DeepSeek强调政策分析、技术优化和市场趋势，更具前瞻性，而GPT生成的任务内容相对传统，注重执行效率。

在呈现形式上，如果我们需要以表格的形式呈现，然而DeepSeek生成的内容，在复制的时候都是代码块形式，那么怎么办呢？给大家两个简单的解决方案：

解决方案1：使用Markdown（轻量级的标记语言，用于格式化文本）表格

如果目标平台支持Markdown语法（如GitHub、Notion、Typora等），我们可以直接让DeepSeek生成Markdown表格格式：

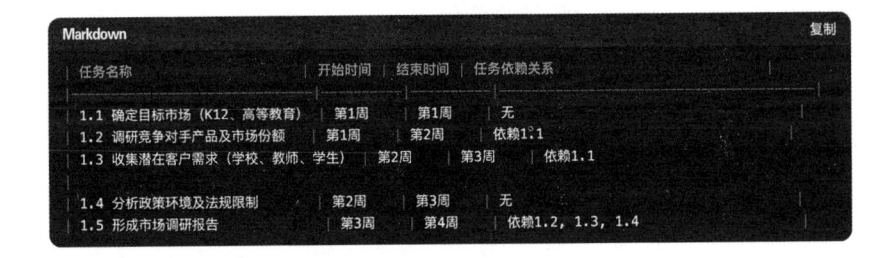

```
Markdown                                                            复制
| 任务名称                            | 开始时间 | 结束时间 | 任务依赖关系      |
| 1.1 确定目标市场（K12、高等教育）      | 第1周  | 第1周  | 无            |
| 1.2 调研竞争对手产品及市场份额          | 第1周  | 第2周  | 依赖1.1       |
| 1.3 收集潜在客户需求（学校、教师、学生）  | 第2周  | 第3周  | 依赖1.1       |
| 1.4 分析政策环境及法规限制              | 第2周  | 第3周  | 无            |
| 1.5 形成市场调研报告                   | 第3周  | 第4周  | 依赖1.2、1.3、1.4 |
```

然后将上述Markdown代码复制到支持Markdown的编辑器中，编辑器会自动将其渲染为表格形式。

解决方案2：使用Excel或Google Sheets

如果目标平台不支持Markdown（比如Word等），可以使用Excel或Google Sheets将表格内容转换为可复制的表格格式。

具体操作如下：

1. 打开Excel或Google Sheets。

2. 将DeepSeek回答中的表格内容粘贴到表格中。

任务名称	开始时间	结束时间	任务依赖关系
第一阶段：市场调研与需求分析			
1.1 确定目标市场（K12、高等教育）	第1周	第1周	无
1.2 调研竞争对手产品及市场份额	第1周	第2周	依赖1.1
1.3 收集潜在客户（学校、教师、学生）需求	第2周	第3周	依赖1.1
1.4 分析政策环境及法规限制	第2周	第3周	无
1.5 形成市场调研报告	第3周	第4周	依赖1.2、1.3、1.4

3. 调整列宽和格式，使其美观。

4. 再复制表格内容并粘贴到目标平台（如Word、PPT、邮件等）。

在AI生成具体的行动方案后，我们可以结合行业最佳实践，优化行动计划，具体怎么做呢？

我们只需要分两步来提问："请基于AI在知名教育品牌（如

VIPKID、Coursera、Duolingo）中应用的市场推广策略，分析这3个品牌在市场推广策略中可借鉴的最佳实践。"

DeepSeek 生成示例：
基于 AI 在知名教育品牌（VIPKID、Coursera、Duolingo）中的市场推广策略分析

以下是针对 VIPKID、Coursera 和 Duolingo 这 3 个知名教育品牌中 AI 技术应用的市场推广策略分析，以及从中分别提炼出的每个品牌可借鉴的最佳实践。

1. VIPKID：AI 驱动的个性化学习体验

市场推广策略
核心应用：
VIPKID 利用 AI 技术分析学生的学习行为（如学习进度、知识点掌握情况），提供个性化的学习内容和推荐。
通过大数据和机器学习算法，优化教师匹配和课程设计。
推广策略：
精准营销：基于用户数据（如年龄、学习目标、兴趣）进行精准广告投放。
口碑传播：通过家长和学生的真实反馈，形成口碑效应。
免费试课：提供免费试课体验，降低用户决策门槛。

可借鉴的最佳实践
实践 1：个性化学习路径
描述：利用 AI 分析学生的学习数据，动态调整学习内容和难度，提供个性化的学习路径。
借鉴点：
在本次推广中，可以强化 AI 个性化学习功能，突出"因材施教"的教育理念。通过试点推广收集学生学习数据，优化 AI 算法，提升用户体验。

2. Coursera：AI 驱动的课程推荐与学习分析

市场推广策略
核心应用：
Coursera 利用 AI 技术分析用户的学习兴趣和目标，推荐适合的课程和学习路径。
通过机器学习模型，动态调整推荐策略，提高用户满意度和课程完成率。
推广策略：
内容营销：通过博客、案例研究和用户故事，展示 AI 技术的实际应用效果。
合作伙伴关系：与高校和企业合作，扩大品牌影响力和用户基础。
免费课程：提供免费课程吸引用户，再通过增值服务（如证书）实现变现。

可借鉴的最佳实践
实践 2：智能课程推荐
描述：利用 AI 分析用户的学习行为和兴趣，推荐个性化的课程和学习路径。
借鉴点：
在本次推广中，可以开发 AI 驱动的课程推荐功能，帮助学生和教师快速找到适合的学习资源。
通过用户反馈和数据分析，持续优化推荐算法。

3. Duolingo：游戏化学习与 AI 结合

市场推广策略
核心应用：
Duolingo 通过游戏化设计和 AI 技术，提高用户的学习兴趣和参与度。
利用 AI 分析用户的学习进度和难点，动态调整学习内容和难度。
推广策略：
社交媒体营销：通过幽默、互动的内容吸引用户，形成病毒式传播。
游戏化设计：通过积分、排行榜和奖励机制，提高用户黏性。
多语言支持：支持多种语言学习，扩大全球用户基础。

可借鉴的最佳实践
实践 3：游戏化学习体验
描述：通过游戏化设计和 AI 技术，提供实时反馈和奖励机制，提高用户的学习兴趣和参与度。
借鉴点：
在本次推广中，可以引入游戏化学习元素，结合 AI 技术提供实时反馈和奖励机制。
通过试点推广测试游戏化学习的效果，优化用户体验。

4. 全面推广与营销（第 10 ~ 12 周）
新增任务：
4.6 利用 AI 生成个性化营销内容（第 11 ~ 12 周）。
4.7 开展 AI 教育主题的线上线下活动（第 11 ~ 12 周）。

5. 效果评估与调整（第 12 周）
新增任务：
5.3 制定长期优化策略（第 12 周）。

总结
通过借鉴 VIPKID、Coursera 和 Duolingo 的市场推广策略，本次"AI 在教育行业的市场推广"行动计划得到了显著优化。优化后的计划更加注重个性化学习、用户体验和数据驱动，能够更好地满足市场需求并提升品牌竞争力。以下是 3 个可借鉴的最佳实践：

> 1. 个性化学习路径（VIPKID）：通过AI分析学生学习数据，提供定制化学习体验。
> 2. 智能课程推荐（Coursera）：利用AI推荐个性化课程，提高用户满意度和完成率。
> 3. 游戏化学习体验（Duolingo）：结合游戏化设计和AI技术，提高用户参与度和黏性。
>
> 如果需要进一步调整或补充，请随时告诉我！

然后我们可以让AI"结合这些案例优势来优化本次营销行动计划"，就可以获得更加符合市场趋势的行动方案啦。

> 优化后的营销行动计划（结合最佳实践）
>
> 1. 市场调研与需求分析（第1～4周）
> 新增任务：
> 1.6 调研AI技术在教育领域的具体应用场景（第3～4周）。
> 1.7 分析竞品的AI技术应用及用户反馈（第3～4周）。
>
> 2. 产品优化与定位（第4～7周）
> 新增任务：
> 2.5 开发AI核心功能演示视频（第6～7周）。
> 2.6 制定品牌故事和传播策略（第6～7周）。
>
> 3. 试点推广与合作（第7～10周）
> 新增任务：
> 3.5 开展试点成果展示会（第10周）。
> 3.6 根据试点反馈优化AI算法（第10周）。

让AI生成更详细的任务依赖

如果想让AI进一步细化任务依赖关系，那我们需要对不同阶段再次拆解，让AI进行补充，这样一来，我们不仅能清楚地看到每个任务的开始和结束时间，还能知道哪些任务是关键路径，哪些是可并行推进的，从而更合理地安排资源。

提示词：
请对以上"AI 在教育行业的市场推广"行动计划的 5 个阶段继续拆解，并生成表格，包括每个任务的时间安排、任务优先级、里程碑、关键依赖任务。

DeepSeek 生成示例：
以下是针对"AI 在教育行业的市场推广"行动计划的 5 个阶段进一步拆解的详细表格，包括每个任务的时间安排、任务优先级、里程碑和关键依赖任务：

行动计划详细拆解表

阶段	任务名称	开始时间	结束时间	任务优先级	里程碑	关键依赖任务
第一阶段：市场调研与需求分析	1.1 确定目标市场（K12、高等教育）	第1周	第1周	高	目标市场确定	无
	1.2 调研竞争对手产品及市场份额	第1周	第2周	高	竞争对手分析完成	依赖1.1
	1.3 收集潜在客户（学校、教师、学生）需求	第2周	第3周	高	客户需求报告完成	依赖1.1
	1.4 分析政策环境及法规限制	第2周	第3周	中	政策分析报告完成	无
	1.5 形成市场调研报告	第3周	第4周	高	市场调研报告完成	依赖1.2, 1.3, 1.4
第二阶段：产品优化与定位	2.1 根据调研结果优化产品功能	第4周	第5周	高	产品功能优化完成	依赖1.5
	2.2 制定产品差异化定位策略	第4周	第5周	高	产品定位策略确定	依赖1.5
	2.3 开发试点版本（如个性化学习模块）	第5周	第6周	高	试点版本开发完成	依赖2.1
	2.4 内部测试与反馈收集	第6周	第7周	高	内部测试完成	依赖2.3
第三阶段：试点推广与合作	3.1 选择试点学校或机构	第7周	第7周	高	试点学校确定	依赖1.5
	3.2 部署试点产品并培训教师	第7周	第8周	高	试点产品部署完成	依赖2.4, 3.1
	3.3 收集试点用户反馈	第8周	第9周	高	用户反馈报告完成	依赖3.2
	3.4 根据反馈优化产品	第9周	第10周	高	产品优化完成	依赖3.3
第四阶段：全面推广与营销	4.1 制定市场推广策略（线上+线下）	第10周	第10周	高	推广策略确定	依赖1.5, 2.2
	4.2 制作营销材料（宣传视频、案例研究）	第10周	第11周	高	营销材料完成	依赖4.1
	4.3 开展线上推广（社交媒体、SEO）	第11周	第12周	高	线上推广启动	依赖4.2
	4.4 开展线下推广（教育展会、研讨会）	第11周	第12周	高	线下推广启动	依赖4.2
	4.5 与教育机构签订合作协议	第12周	第12周	高	合作协议签订	依赖3.4, 4.1

续表

阶段	任务名称	开始时间	结束时间	任务优先级	里程碑	关键依赖任务
第五阶段：效果评估与调整	5.1 评估市场推广效果（用户增长、反馈）	第12周	第12周	高	推广效果评估完成	依赖4.3、4.4
	5.2 调整推广策略并制订下一步计划	第12周	第12周	高	下一步计划确定	依赖5.1

关键说明
1. 任务优先级：
高：关键任务，直接影响项目进展。
中：支持性任务，对项目有辅助作用。
2. 里程碑：
每个阶段的关键任务完成后，标志着该阶段的完成。
3. 关键依赖任务：
任务之间的逻辑关系，确保任务按顺序执行。

总结
通过以上表格，可以清晰地看到每个任务的时间安排、优先级、里程碑和依赖关系，确保"AI 在教育行业的市场推广"行动计划有序推进。如果需要进一步调整或补充，请随时告诉我！

GPT 生成示例：

任务名称	开始时间	结束时间	依赖任务	责任人	任务优先级	里程碑
研究市场需求	2024-07-01	2024-07-07	无	市场分析团队	高	完成市场调研报告
确定目标受众	2024-07-08	2024-07-12	研究市场需求	产品经理	高	受众画像确定
设计营销方案	2024-07-13	2024-07-20	确定目标受众	市场团队	高	方案确认并获批
AI 生成推广内容	2024-07-21	2024-07-30	设计营销方案	内容运营	中	10 套营销文案完成
KOL 合作与推广	2024-08-01	2024-08-15	AI 生成推广内容	商务拓展团队	高	3 位 KOL 推广上线
复盘优化	2024-08-16	2024-08-25	KOL 合作与推广	增长团队	高	ROI（投资回报率）> 1.5 证明策略有效

让AI预测可能的执行风险，并提供应对方案

即使AI提供了计划，但现实执行中还是可能会遇到各种阻碍，比如预算不足、市场反馈不佳、技术瓶颈等。那我们可以这样提问:"请分析该计划可能遇到的三大执行风险,并提供相应的解决方案。"

DeepSeek 生成示例:

潜在风险	影响	解决方案
AI 生成的营销内容质量不稳定	可能降低用户信任度	结合人工审核,调整 AI 生成策略
KOL 营销效果低于预期	浪费预算,ROI 下降	数据驱动筛选 KOL,优化投放策略
预算消耗过快,ROI 低	影响整体增长策略	逐步增加预算,采用小步快跑策略

那么AI可以直接帮我们生成甘特图吗?答案是可以的,这时候就需要DeepSeek和其他AI小伙伴的协作了,我们先用DeepSeek生成适用于甘特图的文字描述:

文本版甘特图描述
时间轴:第1周~第12周

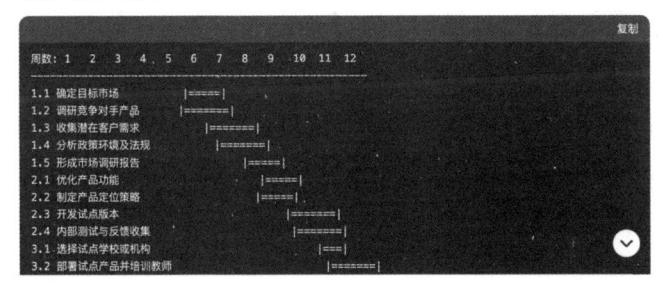

```
周数: 1   2   3   4   5   6   7   8   9   10  11  12
      ─────────────────────────────────────────────────
1.1 确定目标市场        |====|
1.2 调研竞争对手产品         |====|
1.3 收集潜在客户需求             |======|
1.4 分析政策环境及法规                |======|
1.5 形成市场调研报告                      |====|
2.1 优化产品功能                           |======|
2.2 制定产品定位策略                          |====|
2.3 开发试点版本                                |======|
2.4 内部测试与反馈收集                              |====|
3.1 选择试点学校或机构                                  |====|
3.2 部署试点产品并培训教师                                 |======|
```

然后就可以使用你熟悉的表格工具——Excel或Google Sheets的"条形图功能",来生成可视化甘特图啦!当然,也可以使用在线甘特图工具,如GanttProject(免费开源)、Monday.com(可视化项目管理)等,这些工具会自动帮你生成甘特图。

步步为营：巧用提问公式，从"计划"到"落地"

本部分内容，我们先用 5W1H 提问法，让AI梳理了问题的整体框架，让AI明确知道目标、背景、方向，但光有方向还不够——接下来，我们需要对每个子任务刨根问底，然后360°全方位无死角地确认需求。

AI是否真正理解了你的意图？它的方案是不是可行？有没有遗漏关键步骤？这时候，甘特图 就派上了大用场！

甘特图 = 你的"AI计划落地检测仪"

甘特图（又称横道图、条状图）为项目管理提供了可视化的时间安排和进度控制方法，强调计划制订与时间管理的重要性。甘特图的优势在于：

√ 可视化时间安排——清晰展示任务时间线，确保进度可控。

√ 任务依赖关系——区分哪些任务可以并行，哪些任务需要按顺序推进。

√ 资源管理——分配责任人，确保执行效率最大化。

√ 逐步拆解子任务，检查AI是真正理解了需求，还是在胡乱拼接。

换句话说，5W1H 让AI知道"做什么"，甘特图确保"什么时候做、怎么做"，两者结合，才能让AI彻底听懂你的需求，确保每一步都能落地执行！

模型密码优化（一）——让AI更懂你

模型密码三：巧用模板法——问答题变填空题

在工作中，我们常常面对重复的任务：每次写工作汇报都得从零开始，编辑任务通知总是要反复修改措辞，想让AI帮忙生成内容时，又得重新构思一遍。假如有一个"万能公式"，只需稍做修改，就能轻松应对不同需求，那该多方便。

这时，模板提问法就能派上用场。它是一种受控生成提示的方法，能够让AI根据你设定的规则生成内容，确保格式、结构和内容都符合预期。

简单来说，模板提问法将你的需求拆解成可执行的"指令"，AI只需填充关键信息，就能快速生成符合要求的内容。模板提问法的核心在于具备清晰的结构与灵活的内容——你只需将任务拆解成一组可以替换的"指令"，通过占位符和标签清晰标注哪些内容是灵活可替换的，哪些内容是固定的，从而帮助AI快速、准确地生成内容。

举个例子，你可以设置一个模板："请根据以下模板撰写一个产品说明会的通知【时间、地点、内容、参加者、阅读内容、注意事项】"。然后，只需替换部分信息（如"发布会"），AI就能根据提示生成准确的内容。模板中的固定内容主要包括：

- 固定格式：指定输出形式，让AI清楚你希望内容呈现的样子。
- 限定长度：设定字数或篇幅限制，如"请将回答控制在500字以内"。
- 表达方式：控制语气和逻辑顺序，确保AI不偏离要求，如"请用正式学术语气表达"或"请用幽默的方式表达"。

这一方法特别适用于标准化、格式化、需要高度一致性的文本，比如：

应用场景	模板示例	提示词
布置任务&发送通知	亲爱的[团队/部门]，请大家在[时间]前完成[任务]，具体要求如下：[要求列表]。如有问题，请联系[负责人]。	"请帮我生成一条关于'周五下午5点前提交月度报告'的工作通知。"
工作汇报&复盘总结	本周工作总结如下：1.已完成的任务；2.正在推进的项目；3.遇到的问题；4.下周计划。	"请按照'已完成、推进中、问题、计划'的格式，帮我写一份市场部的周报。"
结构化写作&规则限定写作	[事件名称]于[日期]在[地点]成功举办，[公司/组织]领导[姓名]表示："[关键讲话]"。本次活动吸引了[参会人员]，推动了[成果/影响]。	"请用新闻报道的格式，撰写一篇关于我们公司新品发布会的新闻稿。"

因此，这个密码的黄金法则就是像填空题一样设置模板！那么如何获得"提问模板"呢？这里有三种简单而有效的方法：

使用在线模板库

在线平台和工具（如Google文档、WPS、飞书等）提供了丰富的现成模板库，让你可以轻松找到符合需求的格式。只需选择目标模板，再根据实际情况调整内容。关键在于拆解任务，明确哪些部分是固定不变的，哪些部分是可以灵活修改的，从而将核心要素提取出来，形成自己的工作模板。

AI生成模板

当在线平台无法提供合适的模板时，别担心，AI可以轻松解决！你可以直接让DeepSeek生成一个符合要求的模板，并用占位符标记可变内容（比如使用[ ]）。这样，AI就能准确知道哪些地方需要填充信息，快速生成定制化内容。

> 请帮我生成一份活动通知的模板，并用[时间]、[地点]、[内容]、[注意事项]等占位符来标记可替换内容。

💡 以下是一份简洁且实用的**活动通知模板**，使用占位符标记了时间、地点、内容和注意事项。你可以根据实际需求填充内容。

活动通知

尊敬的[参与者姓名或称呼]：

您好！

我们诚挚地邀请您参加即将举办的[活动名称]，以下是活动的详细信息： ⌄

范文创建模板

如果以上都不符合你的"私人订制"，你只需要找到一篇符合要求的范文，然后将其交给AI。DeepSeek会将其转化成"填空题"格式，创建一个高效的提问模板。这种方法能够完全根据个人或团队的需求定制模板，确保每一部分都切合实际工作情况。

> 我有一篇市场部的周报范文，请帮我将其转化为一个模板，并将可替换的内容部分用占位符代替。

💡 以下是将市场部周报转化为模板的版本，可替换内容部分已用占位符标记。你可以根据实际需求填充内容。

市场部周报模板

日期：[日期]
报告人：[报告人姓名]
部门：市场部

⌄

示范案例：

提示词示例 1 请按照 [时间、地点、内容、参加者、阅读内容、注意事项] 的格式，生成一份关于 [线上读书会] 的 [通知]，要求包括 [不多于 500 字]
提示词示例 2 请根据以下模板帮我总结 [论文]，不少于 1000 字，内容包括写作背景、主要问题、研究方法、重要概念、主要观点、学界评价

敲重点：复杂写作中的"句式模板"

当进行复杂写作时，比如撰写论文等，可以直接套用句式进行写作。像《高效写作的秘密》一书中就提供了许多有效的句式，帮助你迅速完成写作任务。

提示词示例 3

背景信息：
我是一名 [专业领域，如社会学、传播学、经济学等] 专业的研究者，正在撰写一篇学术论文，论文拟定标题为 [论文标题]。你作为我的学术助理和合作者，请负责撰写该论文的潜在解释框架，以便供我们后续讨论。

任务要求：
1. 你需要按照"结构—机制"解释框架进行输出，匹配或组合你认为最合适的单一或多个理论。
2. 输出格式如下：
　结构解释：[宏观社会理论或社会事实的描述]
　机制解释：[机制解释的总体描述]
　　机制 1：[机制 1 的具体描述，来自中观或微观理论]
　　机制 2：[机制 2 的具体描述，来自中观或微观理论]
　　机制 3：[机制 3 的具体描述，来自中观或微观理论]
3. 为加深你对"结构—机制"解释框架的理解，我对此框架做出具体解释：
　在社会科学研究中，"结构—机制"解释框架是一种常用的分析工具。
　结构：指宏观层面的社会、经济、政治、文化等因素，例如 [社会转型、技术革命、数字经济等]。这些结构像一把覆盖性强的大伞，对在其下运行的群体和组织产生广泛影响。
　机制：指结构对行动者产生影响的具体路径，通常来自中观或微观理论。机制可以理解为自变量影响因变量的因果路径。在同一个结构下，可能存在不同的机制，导致不同的行动结果，也可能存在相同的机制，导致相似的行为模式。

具体要求：
1. 使用"（作者，年份）"的格式提供正文引文，并使用 APA 格式提供最终参考文献。请确保每个引文和参考文献的来源准确无误。
2. 参考文献需为英文文献，并在正文相应位置进行标注。
3. 总字数不少于 [字数要求，如 1000 字]。

输出示例：
结构解释：[宏观社会理论或社会事实的描述]
机制解释：[机制解释的总体描述]
　机制 1：[机制 1 的具体描述，来自中观或微观理论]
　机制 2：[机制 2 的具体描述，来自中观或微观理论]
　机制 3：[机制 3 的具体描述，来自中观或微观理论]

参考文献：
Author, A. A. (Year). Title of the work. *Journal Name*, *Volume*(Issue), Page range. DOI/URL

模型密码四：案例示范法——让AI"有样学样"

有时候，仅靠"言传"是不够的，AI需要"身教"！任务描述太抽象，AI无法准确理解你的需求怎么办？

就要给它"画个样板"，这就是案例示范提问——通过示范，让AI学会模仿，精准输出你想要的结果。

案例示范法适用于任务定义不明确，或者难以用语言精确描述目标的情况。比如以下情况：

- 任务定义不清晰，AI容易跑偏：你让AI写一篇短文，结果它的风格完全不符合你的需求？给它一个范文，它就能模仿得更精准！
- 任务需要遵循特定格式：你让AI总结数据，结果它输出了一堆长篇大论？给它一个表格示范，它就能按标准格式整理内容！
- 复杂任务，难以用语言描述：你让AI生成一份创意广告文案，结果它写得千篇一律？提供一个成功案例，它就能生成更符合市场需求的内容！

与其空讲概念，不如直接示范一个标准答案，让AI进行对比学习。那具体如何对AI"身教"呢？

场景	普通提问（AI自由发挥×）	案例示范提问（有样学样√）
知识问答	"列出几个国家的首都。"	"中国的首都是北京，美国的首都是华盛顿，法国的首都是（？）"
产品描述	"为新款耳机写一份产品介绍。"	"这款耳机采用降噪技术，音质清晰，续航30小时。请用相同风格为新款智能手表写产品介绍。"

续表

场景	普通提问（AI自由发挥×）	案例示范提问（有样学样√）
学术总结	"总结这篇论文的核心观点。"	"论文《AI时代的教育变革》主要研究了AI在教学中的应用，重点探讨了个性化学习与自动化评估的影响。请用相同结构总结我的论文。"
市场分析	"分析新能源汽车市场。"	"特斯拉Model 3以高续航和自动驾驶为主要卖点，占市场份额20%。请用相同方式分析比亚迪汉EV。"

因此，案例示范提问法有以下核心技巧：

√ 示范标准答案：先提供一个清晰、具体的案例，让AI按照相同模式输出。

√ 固定格式：如果你需要表格、清单、段落结构，直接在示范中展现。

√ 引导AI模仿风格：告诉AI"请按照示例格式生成答案"，减少跑偏可能性。

示范案例：结合公文写作场景扩写

> **提示词：**
> 短句变长句：
>
> 原句：我局于2023年10月1日至7日开展安全生产大检查，重点检查了企业安全生产责任制落实、隐患排查治理及应急预案制定与演练情况。
> 改变后：根据上级部门的指示精神，我局于2023年10月1日至10月7日期间开展了为期一周的安全生产大检查活动，重点检查了辖区内各企业的安全生产责任制落实情况、隐患排查治理情况以及应急预案的制定与演练情况。
>
> ———
> 原句：市政府决定实施垃圾分类新政策。新政策自2024年1月1日起在全市范围内执行。要求各区县、街道办、社区居委会及相关单位严格按照政策要求落实工作。具体工作包括垃圾分类的宣传、设施建设、监督管理和考核评估。
> 改变后：（ ）

分析：

通过提供一个示范（原句和改变后的版本），AI能够理解短句变长句的规则，并按照相同的逻辑处理下一个原句，把"改变后"空着，AI就知道它的工作了。

原句：市政府决定实施垃圾分类新政策。新政策自2024年1月1日起在全市范围内执行。要求各区县、街道办、社区居委会及相关单位严格按照政策要求落实工作。具体工作包括垃圾分类的宣传、设施建设、监督管理和考核评估。
改变后： ()

> 根据市政府的统一部署，为推进生态文明建设，提升城市管理水平，我市将全面实施垃圾分类新政策。该政策自2024年1月1日起在全市范围内正式施行。各区县、街道办、社区居委会及相关单位需严格按照政策要求，全面落实各项工作任务。具体工作内容包括但不限于：广泛开展垃圾分类宣传教育、加快推进分类设施建设、强化日常监督管理，以及定期开展考核评估等环节，确保垃圾分类工作有序推进、取得实效。

091

Part3

专属教练：DeepSeek辅助高效学习

恭喜晋级！经历了前面的学习，相信你已经掌握了 AI 的基本操作，正式告别"小白"阶段，成功进阶为 DeepSeek 中级玩家！但别急着骄傲，真正的高手之路才刚刚开始。

AI 不是魔法，而是一种高效的认知工具。无论你是职场精英、自由创作者，还是大学生、科研学者，学习的本质都离不开这三个核心环节：

输入 → 思考 → 输出

知识不是被动接收，而是通过这三个环节在你的大脑中留下深刻痕迹。那么，如何让 AI 教练成为你的"认知"，让你在以上三个能力维度上有质的飞跃？我们根据进阶的不同阶段，梳理 AI 教练的核心作用：

阶段	输入（获取信息）	思考（深度理解）	输出（实践应用）
启蒙者	智能个性化学习：根据个人水平推荐内容	实时反馈与知识诊断：查漏补缺，强化理解	基础练习与应用：任务驱动，巩固技能
塑能者	跨学科知识整合：联结不同领域的核心知识	多模态学习：通过多种形式增强认知	跨领域任务实践：培养复合型能力
突破者	高阶知识推荐：提供最新研究与前沿探索	批判性思维训练：逻辑推理，深度分析	创新性问题解决：结合知识输出新方案
进化者	智能共创：AI 提供辅助创作与知识建构	认知边界拓展：挑战思维惯性，构建新框架	颠覆式创新应用：创造全新解决方案

本章，我们正式进入 AI 教练开启阶段！你将解锁 DeepSeek 在个性化学习中的隐藏玩法，围绕知识的"输入—思考—输出"环节，分别举例。

带你探索 DeepSeek 在学习与创作中的极限应用，帮你彻底摆脱"AI 只是个聊天工具"的误区，让它真正成为你的定制私教、专属导师、高效写作搭子。准备好进入 AI 的进阶之旅了吗？让我们开始！

方法得当，
学习事半功倍。

3.1 不止文本：
AI 识别的多维应用，高效阅读整理专家

在信息爆炸的时代，我们每天都会接触大量的论文、商业报告、行业白皮书，然而，真正能深度阅读和高效吸收的内容往往有限。面对海量的信息，人们常常感到无所适从，难以快速找到自己需要的关键内容。

你有没有这样的经历：论文太长，看完标题就累了；报告内容繁杂，找核心观点比写论文还难；需要快速获取数据支撑，但翻了几十页PDF还没找到？

别担心，AI早已为你解决这些问题！而且AI的识别能力早已超越了文本解析，现在的AI还可以识别语音、图像、视频、手写笔记、情感倾向、代码模式等多种内容。

尽管AI不能100%取代人工判断，但可以作为高效的辅助工具，极大提升信息处理能力，而且AI识别不仅能"看懂内容"，更能深入理解、分析和应用！我们先来看一下AI这项技能的主要应用场景：

类型	示例 & 应用场景	核心技术
文本识别 （OCR & NLP）	解析 PDF、合同、论文、手写笔记	OCR、NLP
语音识别（ASR）	语音助手、会议纪要、客服语音转录	ASR（语音识别）、音频信号处理

续表

类型	示例 & 应用场景	核心技术
图像识别	车牌识别、人脸识别、医学影像分析	CNN、计算机视觉
视频识别	监控分析、短视频标签分类、直播审核	目标检测、动作识别、时序分析
情感 & 情绪识别	舆情分析、客服情绪检测、用户反馈分析	NLP + 语音 & 视觉情感分析
代码模式识别	代码自动补全、安全漏洞检测、代码优化	AST（抽象语法树）、深度学习

智能解析：快速阅读的利器

DeepSeek也不仅仅是一个聊天AI，它的能力远超"文字对答"！那么它在识别方面的隐藏能力还有哪些呢？它还能智能解析语音、图片、视频、代码，帮助我们高效处理各种任务。

识别类型	DeepSeek 支持的能力	生活和学习中的应用
文本识别（OCR & NLP）	解析 PDF、合同、论文、手写笔记	学术阅读：提取论文摘要，整理重点 文档处理：快速总结报告、合同审核
语音识别（ASR）	语音转文本、会议纪要、音频分析	会议纪要：自动转录音频，提炼要点 语音助手：快速转换语音笔记
图像识别（CV）	文字提取、物体识别、图像分析	生活识图：识别植物、翻译菜单、提取海报信息 PPT 解析：读取图片中的数据、图表
视频识别	关键帧提取、视频内容摘要	课程视频总结：提炼教学视频核心内容 会议录像回顾：自动生成视频摘要
情感 & 情绪识别	语音 & 文字情感识别	舆情分析：判断社交媒体上的情绪倾向
代码模式识别	代码补全、漏洞检测、代码优化	编程学习：分析代码错误，优化代码结构

AI帮助我们解析PDF、论文、报告等各种内容的价值不必多说，有

了这个阅读助理，我们可以快速吸取关键知识，它帮助我们：

√ 节省 80% 以上的阅读时间，精准抓取核心观点。

√ 一键提炼论文摘要、实验数据、市场趋势，不再翻页翻到崩溃。

√ 结构化输出关键内容，自动转换成思维导图、PPT、报告大纲。

√ 精准回答论文或报告中的具体问题，提供智能交互式解析。

那我们接下来就主要探讨一下，在主要应用场景中，具体如何应用 DeepSeek 这项技能。

学术学习 & 知识获取

功能模块	目标	标准操作流程（SOP）	示例
1.1 智能解析论文	快速提炼论文摘要、实验数据、结论，减少阅读时间	上传论文：将论文 PDF 文件上传至 DeepSeek 平台。 选择解析模式：选择"论文解析"功能。 生成结果：系统自动生成摘要、关键词、实验数据、研究结论，支持导出文本或 Markdown 格式。 查看与编辑：可对生成内容进行微调或补充。	输入论文 PDF，30 秒内生成摘要 + 关键词 + 研究结论
1.2 自动整理读书笔记	提炼图书章节核心观点，生成结构化笔记	输入图书内容：上传图书电子版或输入章节文本。 选择笔记模式：选择"读书笔记"功能。 生成核心观点：系统自动提炼章节核心观点，生成清单式笔记，支持按章节或主题分类。 导出与分享：导出为 PDF、Word 或 Markdown 格式。	输入《人类简史》第一章，让 DeepSeek 生成核心观点清单，包括农业革命、认知革命等关键内容
1.3 视频 & 录音总结	提取上课录音、网课视频的重点内容，减少回听时间	上传文件：上传录音或视频文件（支持 MP3、MP4 等格式）。 选择总结模式：选择"视频/录音总结"功能。 生成重点内容：系统自动提取关键内容，生成结构化摘要，支持按时间标记重点段落。 查看与编辑：可对摘要进行调整或补充。	上传 2 小时网课视频，DeepSeek 5 分钟内生成课程重点摘要

论文 & 报告写作

这里我们要重点介绍一下，如果你正在科研的道路上披荆斩棘，DeepSeek-R1 绝对是你的"最强大脑"！它不仅是学术界的革新者，更是科研人员不可或缺的得力助手。

在过去，阅读论文的AI辅读功能只能回答基础性问题，面对需要深度推理的难题（比如："为什么选择 A 方法而不是 B 方法？"），往往力不从心。而 DeepSeek-R1 的横空出世彻底改写了这一格局——这个在 AIME（美国数学邀请赛）2024、GPQA等顶级测试中媲美 GPT-4 的智能模型，展现了强大的推理能力，让复杂问题迎刃而解，真正做到以智取胜！

那么，DeepSeek-R1 如何助力你的学术写作？它具备三大核心能力，让你的科研之路更加高效顺畅：

全网知识 + 海量文献，精准解答

DeepSeek-R1 整合数十亿条全网数据，涵盖数千万学术文献，能提供权威、精准、深度的解答，助你迅速锁定关键信息，减少搜索的时间。

超强推理，化繁为简

突破传统AI限制，DeepSeek-R1 具备动态调整专家负载的能力，能够精准理解复杂逻辑，轻松攻克跨段落、跨领域的学术难题，让推理论证更加高效严谨。

低成本，高性能

DeepSeek-R1 训练成本降低 96%，但性能大幅提升，让你零成本享受顶尖AI科研助手，以更少的资源，获得更强的科研战力！

有了 DeepSeek-R1，你可以从海量文献搜索与复杂推理的桎梏中解放出来，专注于真正的创新与创造性思考！

学习科研

功能模块	目标	标准操作流程（SOP）	示例
2.1 自动生成论文框架	根据研究主题推荐论文结构与关键内容	输入研究主题：输入论文主题或关键词。 选择框架模式：选择"论文框架生成"功能。 生成框架：系统推荐论文结构（如引言、方法、实验、结论等），提供每个部分的关键内容建议。 导出与编辑：导出为 Word 或 Markdown 格式，用户可进一步修改	输入"人工智能在医疗中的应用"，DeepSeek 生成论文框架，包括背景、技术应用、案例分析等部分
2.2 文献综述辅助	提取相关研究成果，整理成可引用的格式	上传文献：上传多篇相关文献（PDF 或文本格式）。 选择综述模式：选择"文献综述"功能。 生成综述：系统自动提取文献核心观点，整理成结构化综述，支持按主题或时间线分类。 导出与引用：导出为 Word 格式，支持自动生成参考文献列表	上传 10 篇关于"深度学习"的文献，DeepSeek 生成文献综述，包括研究趋势、关键方法等
2.3 PPT 生成	将论文或报告内容一键转换为 PPT 大纲	上传文档：上传论文或报告（Word 或 PDF 格式）。 选择 PPT 模式：选择"PPT 生成"功能。 生成大纲：系统自动提取文档核心内容，生成 PPT 大纲，支持按章节或主题生成幻灯片。 导出与编辑：导出为 PPT 格式，用户可进一步美化	上传一篇 20 页的报告，DeepSeek 生成 10 页 PPT 大纲，包括标题、要点和图表

职场办公 & 提效

功能模块	目标	标准操作流程（SOP）	示例
3.1 合同 & 业务报告分析	自动提取合同或报告中的关键条款与风险点	上传文件：上传合同或报告（PDF 或 Word 格式）。 选择分析模式：选择"合同分析"或"报告分析"功能。 生成分析结果：系统提取关键条款、风险点或业务数据，支持高亮显示重要内容。 导出与分享：导出为文本或 Excel 格式	上传一份 50 页的合同，DeepSeek 提取关键条款（如付款条件、违约责任）并标记风险点
3.2 邮件 & 文档总结	将冗长邮件或文档提炼为简洁摘要	输入内容：粘贴邮件或上传文档。 选择总结模式：选择"邮件/文档总结"功能。 生成摘要：系统自动生成简洁摘要，突出核心信息，支持按优先级排序。 查看与编辑：用户可对摘要进行调整	输入一封 1000 字的邮件，DeepSeek 生成 100 字摘要，提炼核心请求与时间节点
3.3 语音转录 & 会议纪要	将会议录音自动转录并生成会议纪要	上传录音：上传会议录音文件（MP3 或 WAV 格式）。 选择转录模式：选择"语音转录"功能。 生成纪要：系统自动转录录音内容，生成结构化会议纪要，支持按发言人分类。 导出与分享：导出为 Word 或文本格式	上传 1 小时会议录音，DeepSeek 5 分钟内生成会议纪要，包括讨论要点与决策事项

生活娱乐 & 日常实用

功能模块	目标	标准操作流程（SOP）	示例
4.1 拍照识别	识别植物、菜品、车牌、菜单等	拍照或上传图片：使用 DeepSeek 拍照或上传图片。 选择识别模式：选择"图像识别"功能。 生成结果：系统自动识别图片内容，并提供相关信息（如植物名称、菜品成分等），支持翻译外文菜单或商品说明。 查看与保存：结果可保存至手机或分享给他人	上传一张外文菜单图片，DeepSeek 识别并翻译为中文，帮助用户轻松点餐

续表

功能模块	目标	标准操作流程（SOP）	示例
4.2 语音助手	语音输入待办事项，自动生成日程提醒	语音输入：使用 DeepSeek 语音助手输入待办事项（如"明天上午 10 点开会"）。 生成提醒：系统自动识别时间、地点与任务内容，生成日程提醒，支持同步至日历应用。 查看与管理：用户可在 DeepSeek 中查看与管理日程	语音输入"下周一下午 3 点提交报告"，DeepSeek 自动生成提醒并同步至手机日历
4.3 新闻 & 文章摘要	提取长篇文章重点，节省阅读时间	输入文章：粘贴文章链接或上传文本。 选择摘要模式：选择"文章摘要"功能。 生成摘要：系统自动提取文章核心内容，生成简洁摘要，支持按段落或主题分类。 查看与保存：摘要可保存或分享	输入一篇 5000 字的新闻文章，DeepSeek 生成 200 字摘要，提炼核心事件与观点

编程学习 & 代码优化

功能模块	目标	标准操作流程（SOP）	示例
5.1 代码纠错 & 优化	自动检测代码错误并优化代码结构	输入代码：粘贴或上传代码文件。 选择纠错模式：选择"代码纠错"功能。 生成结果：系统自动检测代码错误，并提供修复建议，支持优化代码结构（如简化逻辑、提高可读性）。 查看与修改：用户可根据建议修改代码	输入一段 Python 代码，DeepSeek 检测到语法错误并提供修复建议
5.2 智能生成代码	根据需求生成可执行代码	输入需求：描述代码功能（如"实现一个快速排序算法"）。 选择生成模式：选择"代码生成"功能。 生成代码：系统自动生成可执行代码，并提供注释说明，支持多种编程语言（如 Python、Java、C++）。 查看与测试：用户可运行代码并测试功能	输入"实现一个简单的网页爬虫"，DeepSeek 生成 Python 代码并附上使用说明

续表

功能模块	目标	标准操作流程（SOP）	示例
5.3 API 文档解析	快速提取开发文档的核心内容，加快学习速度	上传文档：上传 API 文档（PDF或文本格式）。 选择解析模式：选择"API 文档解析"功能。 生成核心内容：系统自动提取 API 功能、参数说明、示例代码等核心内容，支持按模块分类。 查看与保存：结果可保存为 Markdown 或文本格式	上传一份 100 页的 API 文档，DeepSeek 提取核心功能与示例代码，帮助开发者快速上手

智能归类：从零散错误到精准提升

我们以AI错题本为例，看DeepSeek如何帮助我们从错误中进化。某高三学生实测：用DeepSeek整理错题1个月，数学成绩从92分提升到134分，直接进了年级前10！

当然，除了错题之外，笔记、文献分类、课程资源整理，包括学习习惯和策略等，都可以参考本流程。

传统错题本往往依赖手动整理，不仅耗时费力，还难以形成系统化的知识体系，经常"抄的时候很认真，再也不会复习了"。如今，DeepSeek可以实现错题的自动归类、知识点分析，并生成个性化学习路径。那我们具体怎么做呢？

四步构建智能错题本

1. 错题收集：将试卷、作业、练习题中的错误答案收集整理，形成结构化数据。

步骤	内容
输入错题数据	将错题以文本形式输入 DeepSeek（支持拍照 + 手写）；如果是图片或手写内容，可使用 OCR（光学字符识别）工具（如腾讯云 OCR、百度 OCR）转化为文本，再输入 DeepSeek。

结构化整理	让 DeepSeek 将错题整理为结构化数据，举例如下：
	请将以下错题整理为结构化数据：
	题目：已知函数 $f(x) = 2x + 3$，求 $f(5)$ 的值。
	我的答案：10
	正确答案：13
	DeepSeek 回答：
	{
	"题目"："已知函数 $f(x) = 2x + 3$，求 $f(5)$ 的值。",
	"我的答案"："10",
	"正确答案"："13",
	"错题来源"："数学作业"
	}

存储错题	将 DeepSeek 生成的结构化数据存储到数据库（如 Excel、Google Sheets、Notion）中，方便后续分析

2. 知识点匹配：AI分析错题涉及的核心知识点，并关联教材或题库。

步骤	内容
输入题目和知识点库	将错题题目输入 DeepSeek，并提供知识点库（可以是教材目录、知识点列表等）。
匹配知识点	让 DeepSeek 分析错题涉及的知识点后输出，指令示范： 请分析以下题目涉及的知识点： 题目：已知函数 $f(x) = 2x + 3$，求 $f(5)$ 的值。 知识点库： 一次函数的定义 函数的代入求值 函数的图像与性质 DeepSeek 输出： 涉及知识点： 一次函数的定义 函数的代入求值
关联教材或题库	将匹配的知识点与教材或题库中的相关内容关联，例如： 请关联以下知识点到教材中的具体章节： 一次函数的定义：教材第3章第2节 函数的代入求值：教材第3章第3节

3. 智能归类：按照知识结构、错误类型、难度级别等维度自动分类。

步骤	内容
定义分类维度	确定分类维度，例如： 知识结构：代数、几何、概率等 错误类型：计算错误、概念错误、审题错误等 难度级别：简单、中等、困难
输入错题和分类规则	将错题和分类规则输入 DeepSeek，例如： 请根据以下规则对错题进行分类： 题目：已知函数 f（x）= 2x + 3，求 f（5）的值。 我的答案：10 正确答案：13 分类规则： 知识结构：代数 错误类型：计算错误 难度级别：简单

自动分类	DeepSeek 输出分类结果，例如：
	{
	　"题目"："已知函数 f（x）= 2x + 3，求 f（5）的值。"，
	　"知识结构"："代数"，
	　"错误类型"："计算错误"，
	　"难度级别"："简单"
	}

存储分类结果	将分类结果存储到数据库或错题本系统中，方便后续分析

4.个性化复习：根据错题类型与学生薄弱点，制订复习计划，提高学习效率。

步骤	内容
分析错题数据	让 DeepSeek 分析错题数据，找出学生的薄弱点，确定哪些知识点需要重点复习
制订复习计划	结合记忆曲线，让 DeepSeek 根据薄弱点生成复习计划
执行复习计划	根据 DeepSeek 生成的复习计划，安排学习时间和任务。 定期检查复习进度，并根据新的错题数据动态调整计划

生成题库后，如果某个知识点一直做错，可以调整指令，让AI重点推荐相关题目！这时DeepSeek会自动匹配相关题目，并调整难度，让你的练习更有针对性。当然，AI不会替你学习，但能帮你"查漏补缺"！

让 DeepSeek 成为你的知识整理专家吧，在这个信息爆炸的时代，高效整理知识已经成为职场精英和学术达人的必备技能。而 DeepSeek 正是你对抗信息过载的终极利器！

智能整合，高效归纳

DeepSeek不仅能帮助你轻松应对碎片化信息，还能无缝对接 Notion、Obsidian 等知识管理工具，将分散的资料转化为系统化知识库。无论是研究笔记、项目资料，还是灵感记录，DeepSeek 都能帮你井然有序地管理，构建属于自己的智慧体系。

深度阅读 + 数据可视化 = 信息吸收效率 × 10！

复杂论文 & 报告，一键解析！

DeepSeek 具备智能解构与可视化能力，能自动解析论文、行业报告，并生成思维导图、PPT 结构、表格等可视化内容，让你迅速抓住核心逻辑，高效吸收关键信息。

知识高效转化，助力深度学习！

不只是简单的摘要，DeepSeek 还能提炼核心观点、分析趋势、建立关联，让知识从"输入"变成"可调用的智慧"，助你在学术研究、商业决策、个人成长等领域更胜一筹。

3.2 第二大脑：
链式思考 vs 思维树

在AI帮我们完成了"输入"环节后，我们更希望它能陪我们一起思考。真正的"智能"并不仅仅是给出答案，更重要的是告诉我们如何得出答案。

还记得学生时代的数学考试吗？老师总是强调：别只写答案，完整的解题过程同样重要！你需要读懂题目，拆解步骤，逐步推理，最终得出结论。或者你要做一项商业决策，你需要列出多个可能方案进行权衡。这正是人类思维的本质——既有链式推理，也有树状发散。

在AI领域，这两种思维模式分别对应着：

√ 链式思考——让AI像人一样逐步推理，将复杂问题拆解成多个逻辑环节，每一步都基于前一步，最终形成完整的推理链条。

√ 思维树——让AI像人一样发散思维，通过分层分支的思维模型，探索多种可能性，构建完整的知识网络，找到最优解。

思维方式	核心特点	适用场景
链式思考	线性推理、逐步分析	逻辑推理、解题过程、论文论证、深度阅读
思维树	分层分支、系统扩展	知识管理、选题决策、批判性思维、创新研究

当我们将链式思考和思维树结合起来时，就可以让AI既能清晰推理，又能全面思考。不仅AI能变得更聪明，我们自己在学习、科研、商业决策中，也能借助这两种思维方式，极大提升思考深度和解决问题的能力。接下来，我们就来深入探讨，如何利用链式思考和思维树，让AI更智慧，让自己更高效！

链式思考：让 AI 像人类一样推理

什么是链式思考？在自然语言处理中，链式思考是一种逐步推理的思维方式，让AI像人类一样思考的高级提示词技术强调将复杂问题拆解成多个逻辑环节，每一步都基于前一步，最终形成完整的推理链条。

比如，你问 AI：

"一个班级有 30 个学生，每个学生有 5 本书，班级一共有多少本书？"

普通AI可能会直接告诉你："150 本。"

链式思考AI则会这样回答：

1. 每个学生有 5 本书。

2. 班级里有 30 个学生。

3. 所以，总书数是 30 × 5 = 150 本。

它的核心在于：AI不再只是直接给出答案，而是像人一样，一步步拆解问题，展示完整的推理过程。这种方法在数学推导、逻辑推理、论文分析、复杂问题解答等场景中尤为实用，比如：

- 论文解读：将论文拆解为研究问题、方法论、实验设计、结论等部分，逐步构建理解逻辑，提高阅读效率。

· 数学 & 逻辑推理：解题时，逐步分解难题，确保每一步推导都有合理依据，避免思维跳跃。
· 学术写作：在写论文或报告时，利用链式思考构建清晰的论证逻辑，使观点更具说服力。
· 跨学科研究：在不同学科交叉时，建立逻辑桥梁，发现知识之间的潜在关联。

那么如何在学习中实践链式思考呢？有以下几大方法：

1. 问题拆解 —— 先把复杂问题分解成多个小问题，逐步分析。

2. 逻辑梳理 —— 确保每一步推理都有依据，不跳步、不省略关键环节。

3. 可视化思考 —— 使用思维导图、流程图等工具，将推理过程直观化，方便回顾与优化。

具体操作如：

论文解读时：阅读AI研究论文时，先拆解研究背景 → 研究方法 → 关键实验 → 结论，逐步梳理核心逻辑。

数学解题中：面对微积分难题，拆分计算步骤，逐步推导每一步，而不是直接套公式。

跨学科研究：在人工智能与医学结合的研究中，拆解医学问题，逐步推理AI可能的应用路径。

不难看出链式思考不仅让AI更具逻辑性，也让自己思维更清晰！

思维树：为 AI 搭建"全局思维"

如果说链式思考让AI能像人类一样推理，那么思维树则赋予AI更复杂的"思维网络"，让它具备真正的多维度决策能力。

比如相亲时，我们要看：身高怎么样？家里几头牛？地里几亩田？现实生活中，我们做决策时不会一蹴而就，而是拆解成多个子问题，然后，我们逐步分析、权衡优劣，最终得出最优解。

这就是思维树的核心理念：分层式、分支式的思维模型，把复杂问题拆解成多个子问题，并逐步展开分析，就像树的分枝不断延伸。强调同时探索多种可能性，构建系统化的知识网络。

这种思维模式与决策树类似，在概念拓展、批判性思维、知识管理、创新研究等场景中尤为重要。每条分支都代表不同的推理路径，让AI不仅能回答问题，还能探索不同选项，提供更全面的决策支持。让我们来以"相亲"为例：

思维树提问模型举例：相亲场景（DeepSeek 生成）
1. 目标设定
    提示词：你希望通过相亲找到什么样的伴侣？
    回答：我希望找到一个有共同兴趣、价值观相似、性格温和、有责任心的伴侣。
2. 基本信息
    提示词：你能介绍一下自己的基本情况吗？（如年龄、职业、兴趣爱好等）
    回答：我今年 30 岁，是一名软件工程师，平时喜欢阅读、旅行和健身。
3. 价值观与生活观
    提示词：你认为在一段关系中，最重要的是什么？
    回答：我认为最重要的是相互尊重、信任和沟通。
4. 家庭观念
    提示词：你对家庭有什么样的期望？
    回答：我希望有一个温馨和谐的家庭，能够共同分担家务和育儿责任。
5. 未来规划
    提示词：你对未来有什么规划？（如职业发展、生活地点等）
    回答：我计划在未来几年内提升自己的职业技能，并希望在城市定居。
6. 兴趣爱好
    提示词：你平时喜欢做什么？有什么特别的爱好吗？
    回答：我喜欢户外运动，尤其是徒步旅行和露营，也喜欢尝试不同的美食。
7. 沟通与冲突解决
    提示词：当遇到分歧时，你通常会如何处理？
    回答：我会尽量冷静下来，倾听对方的观点，然后寻找一个双方都能接受的解决方案。

> 8. 经济观念
>   提示词：你对财务管理和消费观念有什么看法？
>   回答：我认为应该合理规划财务，适度消费，同时也要为未来做一些储蓄和投资。
> 9. 健康与生活方式
>   提示词：你如何看待健康和生活方式的平衡？
>   回答：我认为健康是最重要的，我会保持规律的锻炼和健康的饮食习惯。
> 10. 情感表达
>   提示词：你通常如何表达自己的情感？
>   回答：我比较直接，喜欢通过言语和行动来表达我的关心和爱意。
>
> 总结
>   通过以上思维树提问模型，可以系统地了解相亲对象的基本信息、价值观、生活观、未来规划等方面，从而更好地判断是否适合进一步发展关系。

如果我们只是笼统让AI给我们一个相亲计划，AI给的宽泛答案很难适合你，但是以上思维树相亲案例，可以让我们全方位思考，像做商业决策一样多维度对比。

那我们在学术研究和学习中，可以用思维树来：

- 构建知识体系 —— 在学习新领域时，使用思维树整理基础概念、核心理论、前沿研究，形成清晰的知识脉络。

- 论文写作 & 选题——确定研究方向时，利用思维树拓展可能的研究路径，筛选最优选题，避免视野局限。

- 批判性阅读 —— 阅读学术论文或综述时，构建思维树，归纳不同研究观点，辨别优缺点，发现研究空白，帮助更深入地理解学术前沿。

- 跨学科创新 —— 在交叉学科研究中，利用思维树拓展问题视角，探索多种解决方案，激发创新灵感。

那具体如何实践呢？

首先，要设定中心主题——以核心问题或概念为起点，向外扩展分支，形成思维网络。

其次，进行层级深入分析——每个分支下进一步细化，从概念 → 细节 → 具体应用，形成递进式理解。

然后，动态优化结构——随着学习深入，不断调整思维树结构，使其更系统、更精细，确保知识网络的完整性。

最后，结合AI工具辅助——使用DeepSeek-R1等智能工具，自动解析文献、提取核心观点、生成可视化思维树，提升学习效率。

通过链式思考，你可以让AI像人类一样推理；通过思维树，你可以拆解复杂问题，找到最佳方案；通过多轮优化，你可以把AI的能力发挥到极致。那我们在学习过程中怎么结合应用呢？

场景	目标	标准操作流程（SOP）	示例
论文阅读＆知识整理	快速理解论文核心内容，并建立系统化知识网络	1. 使用思维树建立论文结构图 2. 使用链式思考分析推理过程 3. 通过DeepSeek-R1进行可视化总结，提取关键信息	论文主题："机器学习在医疗诊断中的应用" 思维树：背景、方法、实验、结论 链式思考：逐步推理实验设计、数据分析、结论 输出：论文摘要＋思维导图
解决复杂科研问题	拆解科研难题，找到最佳解决方案	1. 使用思维树列出所有可能研究路径 2. 使用链式思考进行深度分析 3. 形成实验方案，预测研究成果	研究问题："如何优化太阳能电池的光电转换效率？" 思维树：材料选择、结构设计、制造工艺 链式思考：逐步分析每种方案的可行性 输出：实验方案大纲

续表

场景	目标	标准操作流程（SOP）	示例
学术写作（论文&报告）	写出逻辑清晰、结构完整的论文或研究报告	1. 使用思维树构建论文框架 2. 使用链式思考构建论证逻辑 3. 优化表达，并生成可视化内容	论文题目："社交媒体对大学生心理健康的影响" 思维树：引言、方法、结果、讨论 链式思考：逐步论证研究方法、数据分析 输出：论文摘要 + 思维导图

因此，我们完全可以通过思维树+链式思考，用AI来辅助我们的整个思考过程。

3.3 内容输出——用 DeepSeek 打造你的 AI 学习矩阵

在AI时代，内容生产的速度和质量正在被重新定义。无论是创作小说、文言文，还是诗歌，AI都能充当"灵感催化剂"，甚至帮你直接生成大段文本。在构建思维导图，以及进行学术研究方面，DeepSeek 同样让这一切变得前所未有地高效，它不仅能帮你整理思维、优化结构，还能深度参与到创作、研究的核心环节，打造属于你的AI学习矩阵。

本节，我们将用几个常用案例，带你实操，学习利用 DeepSeek 高效输出内容，让你的学习和创作全面升级。准备好迎接全新的知识生产模式了吗？让我们开始吧！

用 DeepSeek 帮你高效绘制思维导图，提升创作力！

思维导图是帮助我们进行信息整理、创意发散、项目规划等的利器，它的作用不需要多说。而 DeepSeek 让这一切变得更简单、更智能！无须手动拖拽节点、苦思冥想逻辑关系，只需输入你的主题，AI就能一键生成结构清晰、逻辑严密、视觉美观的思维导图。那么DeepSeek 主要从哪几方面帮我们改变了思维导图生成的过程呢？

- 更智能：AI自动识别逻辑关系，省去手动编辑的烦恼
- 更高效：输入关键词，瞬间生成完整的思维导图，提升工作效率
- 更直观：结构清晰、层级合理、视觉美观，轻松应对各种场景

接下来我们就看看具体如何操作：

步骤	功能描述	具体操作
1. 关键词驱动，快速生成	用户输入核心主题，DeepSeek自动生成初步的思维导图框架，包括主要分支和关键节点，帮助用户快速厘清思路	输入核心主题（如"AI在学术研究中的应用"），DeepSeek生成初步框架
2. 智能分类，逻辑清晰	DeepSeek结合NLP技术，对内容进行智能分析，自动识别信息层级并分类整理，生成结构清晰的思维导图，提升用户的结构化思维能力	用户输入内容后，DeepSeek自动分析并生成结构化的思维导图
3. 一键优化，提升可读性	用户可对生成的思维导图进行一键优化，DeepSeek自动调整节点排布、层次结构和视觉样式（如颜色、字体、连线等），使思维导图更符合认知规律，更适合分享和展示	点击"优化"按钮，DeepSeek自动调整节点排布、层次结构和视觉样式
4. 学术&创作双模式	学术模式：适用于论文大纲、文献综述、研究框架等，帮助构建严谨的学术逻辑 创作模式：适用于文章构思、营销策划、产品设计等，帮助激发灵感并使创意方案快速落地	选择"学术模式"或"创作模式"，DeepSeek根据模式生成相应的思维导图框架
5. 轻松导出多种格式的文件	生成的思维导图可导出为Markdown、PPT、PDF、图片等格式，方便插入论文、报告、PPT或分享给团队	点击"导出"按钮，选择所需格式（Markdown、PPT、PDF、图片等），DeepSeek生成对应文件

接下来我们用整理一本书的思维导图为例，带大家操作一下整个过程。

首先，我们在输入文本的时候，分为有和没有文件两种情况：

模式	步骤	具体操作
有文件版	1. 上传书籍文件	上传书籍文件（如 PDF、Word）格式的文件
	2. 使用提示词	"现在我需要做一个 Xmind 思维导图，请帮忙把思维导图输出为 Markdown 格式。"
	3. 生成 Markdown 格式内容	DeepSeek 自动提取核心概念、章节结构、关键观点，并生成 Markdown 格式的思维导图内容
无文件版	1. 使用提示词	"请将史蒂芬·柯维写的《高效能人士的 7 个习惯》这本书的核心内容整理成思维导图。要尊重这本书的原著内容，思维导图至少有 3 级结构，还要有相关案例支撑观点，并以 Markdown 的格式呈现。"
	2. 生成 Markdown 格式内容	DeepSeek 自动生成章节框架、关键要点和案例支撑，确保逻辑清晰，并以 Markdown 格式呈现

这一步生成的思维导图以 Markdown 的格式来呈现，Markdown 文件如何转换为 Xmind 思维导图呢？

分步骤示范	图示
复制 AI 生成的 Markdown 代码	
在电脑中新建 TXT 文本文档，将内容粘贴至 TXT 文件中，保存并将 TXT 文件的后缀修改为 .md	

续表

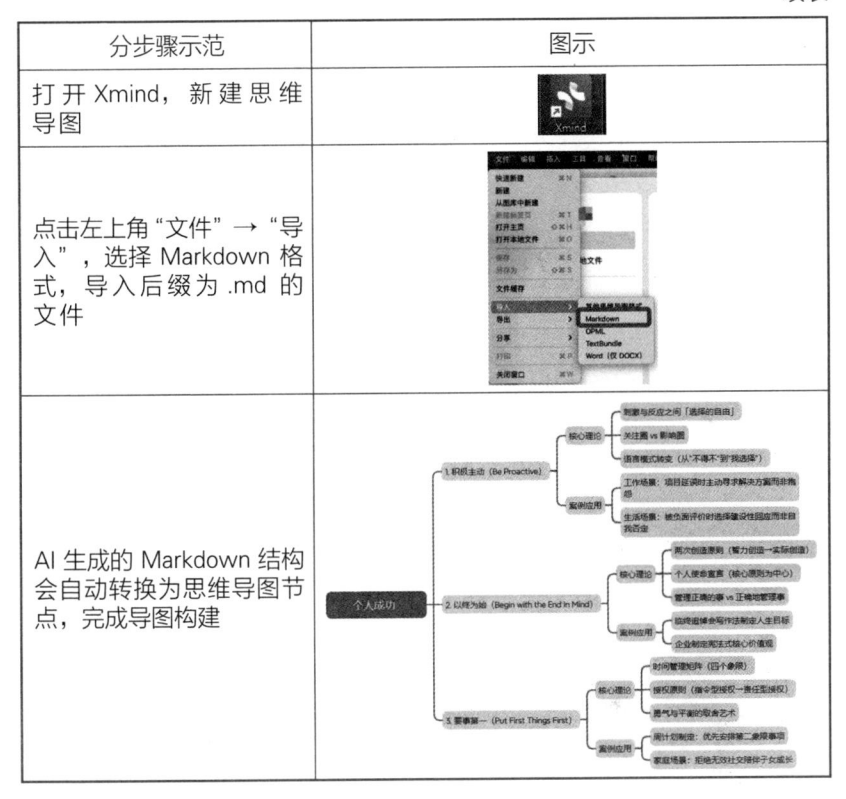

分步骤示范	图示
打开 Xmind，新建思维导图	
点击左上角"文件"→"导入"，选择 Markdown 格式，导入后缀为 .md 的文件	
AI 生成的 Markdown 结构会自动转换为思维导图节点，完成导图构建	

用 DeepSeek 写小说、文言文、诗歌，让它成为你的智能文友！

用DeepSeek生成小说的具体步骤：

步骤	说明
设定核心要素	确定人物、背景、冲突、故事节奏等。可让 AI 生成人物设定，也可以先提供框架
确定文风	选择文风，如严肃文学、悬疑推理、言情玄幻、赛博朋克等，影响 AI 生成风格
分步引导	1）让 AI 先生成梗概，再扩展成大纲； 2）逐章或逐场景生成，避免逻辑混乱； 3）反复调整细节，如采用不同视角重写
润色与调整	对 AI 生成的内容进行人工修改，使其符合个人叙事逻辑和风格

用DeepSeek生成小说的范例：

提示词：
角色设定：请帮我设定一个 [冷酷但内心温柔的杀手角色]，他有一个 [不愿面对的过去]，同时 [被一个记者纠缠着]。请描述他的外貌、性格、经历和心理矛盾。
场景描写：请用 [沉浸式的第一人称] 视角，描述一场 [在古堡里发生的密室谋杀案]，环境阴森，烛火摇曳，主人公发现了一具奇怪的尸体。
故事大纲：请生成一部 [赛博朋克风格] 的小说大纲，主角是一名被陷害的黑客，试图揭开某个庞大企业的阴谋。故事需要有转折，且包含一个开放式结局。

DeepSeek 生成：
角色设定：冷酷但内心温柔的杀手

外貌：
他身材修长，身高约 185 厘米，肌肉线条流畅却不显粗犷。黑色短发微微凌乱，额前几缕碎发遮住了一双深邃的灰色眼睛，眼神冷冽如冰，仿佛能刺穿人心。他的左眼角有一道淡淡的疤痕，给他冷峻的面容增添了一丝危险的气息。常穿一件黑色长风衣，衣领高高竖起，遮住了半张脸，显得神秘而不可接近。

性格：
他表面上冷酷无情，行事果断，从不拖泥带水。作为杀手，他精准而高效，任务从未失手。然而，内心深处却藏着一份温柔，尤其是对弱者和无辜者有着难以言喻的保护欲。他极少与人交谈，但偶尔会流露出一种孤独和疲惫之感。

经历：
他曾是一名特种部队成员，因一次任务失败队友全部牺牲，内心深受创伤。退役后，他被一个神秘组织招募，成了一名职业杀手。他的过去充满了血腥和黑暗，但他始终无法摆脱对那次失败的愧疚。他试图用冷酷的外表掩盖内心的痛苦，却始终无法真正释怀。

心理矛盾：
他一方面渴望摆脱杀手的生活，重新开始；另一方面又觉得自己不配拥有平静的生活，因为他的手上沾满了鲜血。与此同时，一名执着调查他的女记者不断纠缠，试图揭开他的真实身份。他对女记者既厌恶又好奇，因为她让他想起了自己曾经试图保护的某个人。

场景描写：古堡密室谋杀案

第一人称视角
我推开那扇沉重的橡木门，门轴发出刺耳的吱呀声，仿佛在警告我不要再往前一步。密室里弥漫着一股腐朽的气息，混合着铁锈味和霉味。烛火在墙壁的烛台上摇曳，投下斑驳的影子，像是无数双眼睛在黑暗中窥视着我。

我迈步走进房间，脚下的木地板发出轻微的呻吟。空气中有一股若有若无的甜腻气味，让我不禁皱起眉头。突然，我的脚踢到了什么东西——一具尸体。

我蹲下身，仔细打量这具尸体。死者是一名中年男性，穿着考究的西装，但他的脸却扭曲得不成形，仿佛在死前经历了极度的痛苦。他的皮肤呈现出一种诡异的青紫色，嘴角还挂着一丝凝固的黑色液体。我伸手摸了摸他的脖子，冰冷而僵硬，显然已经死了很久。

但奇怪的是，他的手中紧紧攥着一张泛黄的纸条。我费了些力气才掰开他的手指，取出纸条。上面写着一行潦草的字："真相藏在镜子里。"

我站起身，环顾四周。密室的墙壁上挂着一面古老的镜子，镜框上雕刻着繁复的花纹。我走近镜子，发现镜面上布满了裂纹，仿佛随时会碎裂。我伸手触碰镜面，突然，镜子里闪过一道模糊的影子，像是有人在背后注视着我。

我猛地回头，却只看到摇曳的烛光和空荡荡的房间。但那种被注视的感觉却挥之不去，仿佛有什么东西正在黑暗中蠢蠢欲动。

故事大纲：赛博朋克风格小说

标题：《代码之影》

背景：
故事发生在一个高度发达的赛博朋克世界，巨型企业掌控着社会的方方面面，贫富悬殊。主角是一名天才黑客，因揭露某企业的黑幕而被陷害，成为通缉犯。

主要角色：
主角：林夜，28岁，天才黑客，性格冷静且内心充满正义感。
反派：凯恩·沃克，某巨型企业的CEO，表面是个慈善家，实则操控着整个城市的黑暗交易。
盟友：艾琳，一名独立记者，执着于揭露真相，与林夜间逐渐产生信任。
神秘人：代号"幽灵"，一个身份不明的黑客，时而帮助林夜，时而与他作对。

故事结构：
1. 开端：
   林夜因揭露某企业的数据造假而被陷害，成为通缉犯。
   他躲藏在城市的贫民窟，试图找到洗清自己罪名的证据。

2. 发展：
   林夜偶然发现一个名为"黑匣子"的神秘程序，似乎与该企业高层的秘密有关。
   艾琳找到林夜，提出合作，两人开始调查该企业的内部网络。
   在调查过程中，林夜多次遭遇"幽灵"的干扰，但"幽灵"也在关键时刻帮助他逃脱追捕。

> 3. 转折：
> 　　林夜和艾琳发现该企业正在开发一种能够控制人类思维的芯片，计划通过植入芯片操控整个城市。
> 　　林夜的黑客团队被该企业雇用的杀手"团灭"，他陷入绝望，但艾琳鼓励他继续战斗。
> 　　林夜与"幽灵"正面交锋，发现"幽灵"竟是他的前女友苏珊，她因被该企业洗脑而成为工具。
>
> 4. 高潮：
> 　　林夜和艾琳潜入该企业总部，试图销毁芯片数据。
> 　　在最终对决中，林夜与凯恩·沃克展开激烈的网络攻防战。
> 　　苏珊在关键时刻恢复记忆，帮助林夜摧毁了芯片控制系统，但自己却因系统崩溃而消失。
>
> 5. 结局：
> 　　该企业被曝光，凯恩·沃克被捕，但林夜知道这只是冰山一角。
> 　　林夜和艾琳决定继续追查真相，但他们的行动已被更高层的势力盯上。
> 　　故事为开放式结局——林夜站在城市高楼上，凝视着远处闪烁的霓虹灯，低声说道："这只是开始。"
>
> 主题：
> 　　科技与人性的冲突。
> 　　个体对抗强权的勇气。
> 　　真相与谎言的博弈。
>
> 风格：
> 　　赛博朋克的美学：霓虹灯、雨夜、高楼大厦与贫民窟的对比。
> 　　紧张的情节与深刻的角色心理描写相结合。
> 　　开放式结局为续集埋下伏笔。

大家也可以用我们给出的揭示词模板自行尝试一下，不难看出，DeepSeek几秒钟就帮我们完成了从"0"到"1"的跨越，而且给我们很多灵感，我们还可以选择多种文风和不同类型，DeepSeek都能帮我们搭建世界观、完成角色设定等。

但是当然，AI生成的小说有以下几个问题需要注意：首先，角色的塑造和细腻的情感表达相对欠缺，需要我们来再次打磨；其次，AI生成的内容比较模板化，个性化创作的部分仍需人为介入；最后，AI生成的内容逻辑性较弱，输出的长篇内容经常会前后矛盾，需要人工校对。

用 DeepSeek 写文言文：

步骤	内容
确定文体	明确体裁，如赋、策论、碑文、志怪故事、传记等，以便 AI 匹配合适的文言表达方式
设定风格	指定语料风格，如《左传》式历史记载、《聊斋志异》式志怪传奇、《古文观止》式散文等，并在提示词中注明
提供素材	给予 AI 白话文版草稿或关键信息，使其在翻译时能保持逻辑清晰，减少失真
生成初稿	让 AI 将白话文转换为文言文，并在提示词中要求生成的文本符合特定文体风格
细化润色	要求 AI 进一步调整词句，如"更接近××文本风格"，提升文言文语感与流畅度
人工校对	检查文法是否准确，避免生造词或现代语法残留，确保符合传统文言表达规范
反复优化	多次调整，优化文本，使 AI 生成内容更符合预期与受众需求

我们来看个有趣的例子：

请将以下白话文转换为古言文，风格接近《世说新语》："有一个聪明的小孩，他年纪轻轻就会作诗。一天，他看到池塘里的荷花，随口吟道：'荷花开了，真美！'"

有童子聪慧，年虽幼，已能赋诗。一日，见池中荷花开，遂吟曰："荷花开矣，何其美也！"

再给大家两个提示词模板，大家自己尝试一下吧！

志怪故事：
请用文言文写一个《聊斋志异》风格的短篇故事，主角是一名书生，夜宿破庙，遇到一个化形成女子的狐狸精。

策论写作：
请用文言文写一篇关于"人工智能对社会的影响"的策论文章，风格接近《贞观政要》，用典雅的文言词汇表达观点。

接下来我们再尝试一下用 DeepSeek 写诗歌：

步骤	说明
1. 设定主题与意象	确定诗歌主题，选择主要意象，如自然景观、情感体验或哲理思考，并结合 AI 的多感官诗意能力，让 AI 将视觉、听觉、触觉等感官元素融合，增强诗意表达
2. 确定情感基调	明确希望传递的情感，如悲伤、喜悦、思念等，利用 AI 的情感共振能力，生成能引发共鸣的诗歌语言，使诗句更具情感张力
3. 关键词与创意映射	提供关键词或简要诗意描述，AI 可将抽象的诗句映射为具体的视觉形象，强化诗的主题与象征意义，使文字与意象形成自然的联动
4. 初步生成与递归优化	让 AI 生成初版诗歌，并利用 AI 的自我递归提炼机制，对诗歌进行多轮调整，优化节奏、韵律、意象，使其层次更丰富、意境更深远
5. 文化元素融合	如果希望融合不同文化元素（如唐诗意境、西方象征主义、日本俳句风格等），可要求 AI 学习不同文化的符号与诗歌表达，使诗歌兼具跨文化特色
6. 语言与韵律润色	要求 AI 进一步调整词句，优化诗歌的韵律、节奏及意象，使诗句更加流畅、富有美感
7. 反复调整与最终定稿	通过人机协同，反复调整诗歌细节，使其既具有 AI 的创造性，又符合个人风格与审美，最终完成具有独特意境的 AI 诗歌作品

我们来看一下，用 DeepSeek 写诗歌的提示词模板：

> 请以 [诗歌类别] 风格创作一首诗，题目为 [诗歌主题]。
> 1. 情感基调：诗歌的整体情感应传递 [如忧伤、喜悦、孤独、思念等]，使读者能够产生强烈的情感共鸣。
> 2. 多感官诗意：请融合 [视觉、听觉、触觉、味觉和嗅觉] 元素，使诗句富有层次感。例如：[描述细腻的景象、声音的回响、肌肤触感、空气中的气息等]。
> 3. 创意映射：请使用生动的比喻和象征，将抽象的概念具象化。例如：[将时间比作江水，将思念化作浮萍]。
> 4. 文化元素：请参考 [唐诗宋词的意境、日本俳句的简练、西方象征主义的手法]，融合不同文化的诗意表达，使诗歌更加独特。
> 5. 韵律与节奏：请确保诗歌在韵律和节奏上优美流畅，可以使用 [平仄、自由诗、五言绝句、七言律诗等] 的韵律规则。
> 6. 诗画联动：请在诗歌末尾为其配上一段画面描述，使其能够转化为具体的视觉画面，例如，[一片月光下的湖泊，月光映照着远方的孤舟]。
> 7. 递归优化：请在初次生成后，再次优化诗歌的情感层次、意象丰富度和表达深度，确保其意境更加深远。
>
> **实操范例：**
> 请以中国古典诗歌风格创作一首诗，题目为《秋夜沉思》。
> 1. 情感基调：这首诗应表现出一种深沉的思念和孤独感，让读者感受到秋夜的静谧与人心的惆怅。
> 2. 多感官诗意：请在诗中融入视觉（如落叶飘零、月色清寒）、听觉（如秋风穿林、远钟微响）、触觉（如微风拂袖、霜露沾衣）、嗅觉（如桂花微香、潮湿泥土的气息）等细腻的感官体验。
> 3. 创意映射：请使用象征手法，例如将时间比作流沙，将离别的人比作西风中的孤雁，使诗歌更具画面感。
> 4. 文化元素：请参考唐诗宋词的风格，尤其是杜甫和李清照的意境，使诗歌既有豪放之气，也不乏细腻情感。
> 5. 韵律与节奏：请使用五言律诗的格式，确保韵律工整，节奏流畅，增强诗歌的古典韵味。
> 6. 诗画联动：请在诗歌之后，生成一段画面描述，使其能够转换为诗意画卷。例如，秋夜微凉，一轮孤月映照庭院，落叶无声飘落，远处灯火微熄，唯余风中松涛低吟。
> 7. 递归优化：请生成两版诗歌，第二版需优化情感表达，使其更具层次感，并调整意象的深度和诗句的韵律美感。

参考我们的模板，现在就开始创作你的小诗吧！还可以用类似模板生成对联哟。

论文写作全流程的DeepSeek 辅助策略

在写论文、写报告、做项目申报时，逻辑性往往比文学表达更为关键,这恰好是AIGC的优势之一。田纳西大学的放射科医生索姆·比斯瓦斯曾通过ChatGPT仅用4个月的时间就撰写了16篇论文,其中5篇已成功发表。他的首篇论文——《ChatGPT与医学写作的未来》,不仅明确标注了AI辅助创作的过程,还顺利通过了严格的同行评审,成为学术界关注的焦点。

这一事件犹如一颗重磅炸弹,在学术圈引发了关于AI写作的激烈讨论,更悄然撬动了学术研究的传统边界。AI能否真正参与严谨的科学写作?它的角色是工具,还是潜在的"合作者"?我们首先结合之前跟大家介绍过的"拆解子任务"方法,看怎么用DeepSeek帮我们创建一个像模像样的学术写作初稿:

步骤	子任务	内容
1. 论文选题与研究趋势分析	1.1 确定研究方向	在DeepSeek中输入你感兴趣的研究领域(如人工智能伦理、数字经济、企业创新等)。让AI分析该领域的研究趋势,提供前沿热点、研究空白,辅助确定选题
	1.2 选题优化	用AI结合百度百科、学术搜索,为你推荐高影响力领域的热点问题。提供关键词列表,帮助你聚焦选题。让AI生成多个选题建议,并对比研究可行性,选择最优方向
2. 文献综述与资料整理	2.1 自动检索与筛选文献	使用DeepSeek搜索相关领域的高引用率研究论文、综述论文和权威文献。让AI归纳整理出主要理论框架,提炼核心概念
	2.2 生成摘要与归纳文献	让AI自动提取论文摘要、研究方法、关键结论,避免逐篇阅读的低效。分类整理文献(如按研究方法、变量关系、结论归类)。让AI提炼核心研究观点,形成文献综述框架
3. 论文写作框架与内容生成	3.1 搭建论文结构	让AI提供符合期刊要求的论文大纲,包括引言(研究背景、研究问题、研究意义)、文献综述(理论基础、研究进展)、研究方法(实验设计、数据采集)、结果与分析(数据呈现、结果讨论)、结论与展望(研究贡献、研究局限、未来研究)
	3.2 逐步生成论文草稿	让AI逐步输出每个部分的初稿,避免一次性生成过长文本,导致逻辑混乱。结合自己的研究内容,人工调整AI生成的文本,使其更符合研究目标

有了初稿后，DeepSeek还可以帮我们做什么？这时，我们研究的核心就集中在了数据部分，那么如何用 DeepSeek 帮我们进行数据分析与可视化？

1. 数据清理与预处理：DeepSeek 支持自动处理缺失值、去除异常值，并进行数据标准化。

> **提示词：**
> ——清理数据中的缺失值并标准化。
> ——检测并去除异常值。

2.自动统计分析：DeepSeek 可自动进行常见统计分析（如 t 检验、回归分析），并生成完整报告（当然，复杂分析需求可能需要结合其他工具，如Python、R等完成）。如果我们只需要简单的分析，或者希望大概测试一下，那么DeepSeek就可以帮我们分析。

> **提示词：**
> ——对数据进行 t 检验并输出报告。
> ——进行多元回归分析并解释结果。

3. 内容优化：DeepSeek 可以根据数据特性推荐最优模型，并提供参数优化建议；还可以自动优化图表细节，确保符合期刊要求。

> **提示词：**
> ——优化回归模型的参数。
> ——推荐最适合的聚类算法。

4. 数据解读与结论撰写：DeepSeek 可根据分析结果，生成数据，解读内容，并提供学术表达建议。

> **提示词：**
> ——根据回归结果生成数据解读。
> ——提供方差分析结果的学术表达。

欢迎大家按以上步骤操作实践，从数据中看不到信息，再也不是我们分析的卡点。

除此之外，DeepSeek还可以对论文进行润色，如自动检测语法、优化句式，提高学术表达精准度，调整学术语言风格；帮我们生成正确的引用文献格式；帮我们生成自查清单，确保论文符合投稿要求。

最重要的是，我们完全可以用DeepSeek来"降低重复率"！降低重复率，只需要在查重后，把需要修改的句子输入DeepSeek，要求它"帮我改写，更贴近××风格"，这样做就可以帮你优化文章的表述。

当然，借助DeepSeek完成论文写作可用的妙招及模型非常多，每个部分也有不同的提问技巧，我们会给大家赠送更多更详细的材料，截至这里，我们只需要知道，曾经以为非常难的论文、公文等写作任务，使用DeepSeek后会变成一场高效的智能协作！

模型密码优化（二）——专属教练进阶

模型密码五：关键词模型——让AI有的放矢

在学术研究和论文写作中，精准使用关键词是高效交流和精准表达的核心。关键词模型（Keyword Model）通过给AI提供具体的关键词或短语，引导其生成符合学术要求的内容。这种方法不仅提高了文本的专业性，还能确保AI输出内容的聚焦性，使其更符合研究者的需求。

关键词提示是一种高效的提示词设计策略，用于通过输入特定的核心概念来引导AI的输出。例如，在进行学术写作、文献综述、论文摘要撰写时，研究者可以指定核心概念，让AI在该框架内生成符合学术表达的内容。

提示公式：

"请根据以下关键词生成文本"＋关键词＋任务描述

在高级应用中，关键词模型通常与角色设定法（模型密码二）、指令式提问（模型密码一）结合使用，以进一步增强文本的学术性和专业性。例如，在撰写学术论文摘要时，除了关键词，还可以限定AI生成内容的格式、风格和目标受众，使输出更加精准。

关键词模型的应用步骤：

1. 明确关键词

·先确认研究领域中的核心术语，例如"社会资本""数字身份""情绪劳动"等。

·如果不熟悉某个术语，可先让AI解释该术语的概念，再基于概念进行深度讨论。

2. 设计精准的提示词

·在提示词中加入核心概念，并结合具体的学术任务（例如综述、批判性分析、理论框架构建等）。

·限定适用场景、角色、受众和生成条件，确保AI生成的内容符合学术要求。

3. 调整输出标准

·设定AI生成内容的格式，如"论文摘要""文献综述""研究假设"等。

·细化要求，如"结合具体理论""使用正式学术表达""包含数据支持"等。

应用案例：

案例1：定义社会科学术语

任务：让AI解释"防疫社会资本"的概念，要结合相关理论。

> **提示词：**
> 请作为社会学研究者，结合"社会资本"理论，撰写一段关于"防疫社会资本"的学术定义。请参考罗伯特·帕特南和皮埃尔·布尔迪厄的理论框架，以学术论文的风格撰写。
>
> **DeepSeek生成：**
> 防疫社会资本指在公共卫生危机期间，社会网络、互信机制和集体行动能力对疫情防控和资源分配的影响。根据帕特南的观点，防疫社会资本可分为"联结型社会资本"和"桥梁型社会资本"，前者体现在社区内部的互助行动，后者表现为跨群体的资源共享。此外，布尔迪厄强调社会资本与权力的不均衡分布，这在防疫政策执行过程中尤为明显，影响不同社会群体的资源可得性与应对能力。

模型解析：

·明确关键词"防疫社会资本"，精准锁定AI生成内容的主题。

·限定角色为"社会学研究者"，确保AI采用学术视角。

·结合经典理论,提高学术严谨性。

案例2:批判性分析学术观点

任务:让AI评估"情感劳动"与"情绪劳动"的区别,要结合经典文献。

> **提示词:**
> 请作为劳动社会学者,批判性分析"情感劳动"与"情绪劳动"的区别,并结合阿莉·拉塞尔·霍赫希尔德和迈克尔·哈特及安东尼奥·奈格里的研究,撰写300字左右的学术综述。
>
> **DeepSeek 生成:**
> 情感劳动与情绪劳动在社会学和政治经济学领域具有不同的理论脉络。霍赫希尔德提出情感劳动概念,强调服务行业中个体通过调节自身情绪以符合职业规范的过程,例如空乘人员保持微笑。然而,哈特和奈格里对"情绪劳动"提出不同的理解,他们认为情绪劳动不仅涉及个体情感调控,更关乎全球资本主义下的情绪价值生产。在数字经济和在线平台劳动背景下,情绪劳动已成为无形资产的一部分,其价值创造方式已超越传统服务业的边界。相较而言,情感劳动关注个体层面的心理劳动,而情绪劳动更聚焦于全球生产体系中的情感价值再生产。

模型解析:

·明确关键词"情感劳动"和"情绪劳动",精确引导AI比较两个概念。

·限定角色为"劳动社会学者",确保AI以学术视角分析。

·结合理论来源,增强学术性。

·设定字数要求(300字左右),让AI生成符合学术综述长度的文本。

案例3:论文假设构建

任务:让AI帮助构建关于"数字身份"的研究假设。

> **提示词：**
> 请作为数字社会研究者，基于"数字身份"概念，构建 3 个研究假设。请结合卡斯特的网络社会理论，假设需涵盖数字身份的建构、认同冲突及社会影响。
>
> **DeepSeek 生成：**
> 数字身份的多样性与匿名性显著增强了个体在在线社区中的身份建构能力，但同时也加剧了身份认同冲突。
> 数字身份的稳定性与社交网络中的信任度正相关，较强的社交资本有助于提升数字身份的可信度。
> 政府对数字身份的监管程度影响个体的在线行为模式，较严格的监管环境下，用户更倾向于采用单一身份策略。

模型解析：

· 明确关键词"数字身份"，让AI聚焦特定研究领域。

· 结合理论框架，提升理论支撑。

· 设定任务要求（研究假设构建），确保AI输出符合学术研究的需求。

关键词模型在学术写作中极具实用性，掌握精准的关键词提示，能让AI输出的内容更专业，更符合学术需求。

模型密码六：头脑风暴模型——让AI成为你的"学术导师"

在学术研究中，最重要的往往不是找到一个"正确答案"，而是提出更好的问题，拓展思维边界，找到新的研究视角。头脑风暴模型通过持续讨论与动态交互，帮助研究者突破思维定式，让AI成为你的"学术导师"，推动选题优化、理论探讨与研究创新。

头脑风暴模型的核心是通过"让我们考虑……"的方式，引导AI进行开放式探索。这种方式鼓励持续深入讨论，不局限于单一答案，而是通过递进式提问，挖掘不同角度的可能性。

提示公式：

"让我们考虑 + 主题 + 设定背景 + 任务"

这种方法适用于论文选题、理论框架构建、研究方法讨论、数据分析策略制订等学术任务。在AI时代，研究者可以借助 DeepSeek进行高效的学术头脑风暴，快速拓展研究视角，优化论文结构，提高研究的原创性。

头脑风暴模型的应用步骤：

1. 明确任务

· 确定你想要讨论的研究问题或学术领域，如"AI赋能学术写作""社会资本对创新的影响"等。

2. 设定背景

· 提供研究情境，如"我是博士生，正在研究AI在学术写作中的作用"。

· 限定AI角色，如导师、研究者、某领域专家，确保AI以合适的视角进行回答。

3. 递进式讨论

· 先提出广义问题，再逐步缩小范围，如：

"让我们考虑AI在论文写作中的作用。"

"如果重点关注文献综述部分，AI如何提升研究质量？"

"将AI应用于论文写作有哪些潜在的伦理风险？如何规避？"

4. 设定输出标准

· 规定AI回答的深度（如是否引用理论、是否结合案例）。

· 让AI多角度思考（如不同研究方法、理论框架）。

应用案例：

案例1：优化论文选题

任务：研究AI在学术写作中的作用，寻找有价值的研究方向。

提示词：
请思考AI在学术写作中的作用。假设我是博士生，正在寻找论文选题，请列举3个有潜在价值的研究方向，并简要说明它们的研究意义。

DeepSeek 生成：
　　1.AI赋能学术论文写作的影响：是对生产力的提升还是对学术规范的挑战？
　　　　研究意义：AI工具如DeepSeek能提高写作效率，但可能影响学术独立性。本研究将探讨AI在论文写作中的优势与伦理问题。
　　2.AI在文献综述中的应用：自动化综述的可能性与局限性
　　　　研究意义：AI通过NLP技术筛选和整合文献，但是否能真正替代研究者的批判性分析？本研究将评估AI在文献综述中的作用及改进方法。
　　3.论文查重与AI生成内容：如何定义学术原创性？
　　　　研究意义：AI生成文本的普及给学术界带来新的挑战。本研究探讨如何界定AI参与写作的合理性，并提出学术规范建议。

模型解析：

· 明确任务：寻找研究方向

· 限定AI角色：博士/硕士生导师

- 递进式讨论：从广义话题缩小到具体选题
- 设定输出标准：3个方向+研究意义

案例2：理论框架探讨

任务：结合分布式认知理论，探讨AI在科研中的角色。

提示词：
让我们考虑AI在科研中的角色。假设我是研究分布式认知理论的学者，请从该理论角度分析AI作为研究者的认知扩展工具的作用。

DeepSeek 生成：
分布式认知理论认为，认知过程不仅局限于个体大脑，还依赖于外部工具。AI作为认知工具，在学术研究中的作用可以从以下3个方面分析：
1.AI作为信息处理器
　　AI能快速筛选、分类和整理海量文献，增强研究者的记忆存储功能，提高信息获取的效率。
2.AI作为分析协作者
　　通过自然语言处理和机器学习，AI可协助研究者进行文本分析、主题建模等数据驱动的研究。
3.AI作为反思工具
　　AI通过苏格拉底式提问技术，挑战研究者的假设，促进批判性思维。例如，研究者可以让AI提出反对观点，测试假设的稳健性。

模型解析：

- 明确任务：用特定理论分析AI角色
- 限定AI角色：学术研究者
- 递进式讨论：理论解释 → 具体分析 → 实际应用
- 设定输出标准：结合分布式认知理论+学术表达

案例3：研究方法设计

任务：讨论AI在学术研究中的数据分析方法。

> **提示词：**
> 让我们考虑 AI 在学术研究中的数据分析方法。如果我是博士生，计划用 AI 进行大规模文本分析，请列举 3 种常见方法，并说明它们的优缺点。
>
> **DeepSeek 生成：**
> 1. 主题建模（如 LDA，BERTopic）
> 　优点：能从大规模文本中提取潜在主题，适用于社交媒体分析、政策研究等。
> 　缺点：模型需依赖参数调优，主题标签解释可能存在主观性。
>
> 2. 情感分析
> 　优点：可用于分析用户评论、舆情研究，量化文本情感倾向。
> 　缺点：受限于语境，无法准确识别讽刺或复杂情绪。
>
> 3. 词向量模型（如 Word2Vec，BERT）
> 　优点：能捕捉语义关系，广泛用于 NLP 研究。
> 　缺点：计算资源需求高，训练数据质量影响模型效果。

模型解析：

・明确任务：研究方法分析

・限定AI角色：博士生导师

・递进式讨论：方法列举 → 优缺点分析

・设定输出标准：3 种方法+优缺点

头脑风暴模型可以帮我们拓展学术思维（从不同角度探索问题）；优化研究方向（帮助博士生筛选更有价值的选题）；强化批判性思维（让AI质疑你的假设，完善研究框架），当然AI更多是辅助我们思考，最终的决定权还是在我们自己手上！

Part4

AI 拍档：
优化工作流的
效率专家

麦肯锡报告显示，2030 年至 2060 年间，约 50% 的现有工作将被 AI 自动化取代，中位时间点为 2045 年，比此前预测的提早约 10 年。在被称为"第四次科技革命"的时代背景下，我们不得不思考：AI 正在重塑哪些职业？哪些工作环节最容易被替代？

事实上，AI 的替代能力并非一刀切，而是根据不同工作性质，在不同领域的任务中表现出差异化的影响力。我们可以将职场任务大致划分为三大类：

前端：面向用户和市场，涵盖内容创作、营销、宣传、用户交互等任务，是品牌传播的核心。

中台：承担分析、策略规划、结构化内容生成等任务，为前端提供支撑，确保运营高效。

后端：涉及数据分析、财务管理、合同处理、企业决策，为业务提供稳固的运营基础。

那么，DeepSeek 在这三个层面中到底能承担哪些任务？我们逐一拆解各类工作场景中的关键任务：

类别	任务
创意驱动（前端）	撰写电商文案、公众号文章、文章标题、小红书笔记、知乎文章、朋友圈文案、豆瓣书评、短视频脚本、营销故事、新闻稿、品牌故事、活动文案、旅游攻略等；策划活动方案、项目方案、产品推广方案等；制订商业计划；厘清品牌执行策略思路；制作公司宣传册、公司期刊、产品使用说明书；寻找赛道选题；翻译；提炼文章主题、大纲等
提效中枢（中台）	整理会议纪要；收发邮件（客户沟通、内部沟通）；撰写岗位要求、产品文档、图书大纲、图书前言、答疑文档、培训大纲；制作采购清单、路线图；制订培训计划；进行案例分析、学科辅导、教学评估、职业指导等
数智引擎（后端）	撰写标书、财务报告；制作套版合同；进行预算规划、竞品分析、代码补全、预算咨询、投资分析、市场分析、企业财务管理流程规划等

接下来我们就看看 DeepSeek 这个最佳拍档，如何在这些环节中把我们从烦琐事务中解放出来。

4.1 创意驱动：
激发灵感的伙伴

　　DeepSeek 作为你的AI灵感伙伴，不仅能帮你写文案、优化营销方案，还能为你整理会议纪要、生成短视频脚本，甚至帮助你打造个性化的品牌内容。无论是职场写作、社交媒体运营，还是电商营销，DeepSeek 都能助你一键高效创作，让创意更具爆发力。

　　在内容创作的黄金时代，高效产出爆款内容是成功的关键。而DeepSeek，作为你的AI创作加速器，能让短视频脚本、电商文案、自媒体文章等内容一键生成，助你掌握流量密码，轻松打造高互动内容。并且DeepSeek 还能根据同一主题自动生成多种版本的脚本或文案，适配不同目标受众，提升内容的爆款潜力。

短视频脚本：爆款创作，打造高转化率内容

　　短视频创作公式是：热点话题＋情绪钩子＋平台风格＝高播放＋高互动，我们可以按照这一公式来给AI提需求，结合我们之前讲过的"定制需求"，我们来要求AI生成3个脚本，看质量如何：

提示词：
以"00后整顿职场"为主题，生成3个剧情反转的短视频脚本，包含冲突情节、BGM（背景音乐）推荐、结尾话术，精准匹配平台风格

DeepSeek 生成：
短视频脚本1：00后整顿职场之准时下班

冲突情节：
场景：办公室，临近下班时间。
00后新人小李收拾东西准备下班，领导突然出现，要求加班完成一份"紧急"报告。
领导："小李，这份报告明天早上必须交，今晚加个班吧！"
小李淡定回复："领导，我下班后的时间属于我自己，工作明天早上我会准时完成。"
领导震惊，试图用"团队精神"施压，小李直接掏出《中华人民共和国劳动法》，指出加班需双方自愿。
其他同事见状，纷纷收拾东西准备下班，领导无奈妥协。

BGM 推荐：
《信徒》，演唱者：梦龙乐队（选用本歌高潮部分，突出00后的坚定态度）。

结尾话术：
画面定格在小李走出办公室的背影，字幕："00后整顿职场，准时下班不是任性，是权利！"
画外音："整顿职场，从拒绝无效加班开始！"

短视频脚本2：00后整顿职场之拒绝"画饼"

冲突情节：
场景：会议室，领导正在激情演讲。
领导："大家加油干，明年公司上市，你们都是股东！"
00后新人小王举手："领导，请问具体的股权分配方案和薪资调整计划有吗？"
领导尴尬："这个……先努力，公司不会亏待大家的！"
小王直接打开电脑，展示了一份详细的行业薪资对比数据："领导，这是我整理的行业薪资水平，我觉得我们的待遇需要调整。"
其他同事纷纷附和，领导被迫承诺尽快制订具体方案。

BGM 推荐：
《金钱》，演唱者：丽萨（节奏感强，突出00后的直接与务实）。

结尾话术：
画面定格在小王自信的表情，字幕："00后整顿职场，拒绝'画饼'，只谈实际！"
画外音："整顿职场，从拒绝空头支票开始！"

> **短视频脚本 3：00 后整顿职场之反 PUA[1]**
>
> 冲突情节：
> 场景：领导办公室，领导正在对 00 后新人小张进行"教育"。
> 领导："小张啊，你这工作态度不行啊，年轻人要多吃苦，别总想着轻松。"
> 小张淡定回复："领导，我工作效率高，任务都完成了，不需要通过加班来证明自己。"
> 领导试图 PUA："你这样怎么进步？你看看别人，哪个不是加班加点？"
> 小张直接打开手机，播放了一段领导之前说"效率比加班更重要"的会议录音。
> 领导哑口无言，小张微笑着说："领导，我觉得您说得对，效率才是关键。"
>
> BGM 推荐：
> 《战歌》，演唱者：瑞秋·普拉滕（励志感强，突出 00 后的反击与自信）。
>
> 结尾话术：
> 画面定格在小张走出办公室的背影，字幕："00 后整顿职场，反 PUA，从我做起！"
> 画外音："整顿职场，从反 PUA 开始！"
>
> 平台风格匹配：
> 脚本节奏明快，冲突鲜明，符合短视频平台的"短平快"特点。
> 反转剧情设计巧妙，结尾话术简洁有力，易于引发共鸣和传播。
> BGM 选择贴合情绪，增强视频感染力。

我们以本次输出为例：脚本 1 突出了"准时下班"与"加班文化"的冲突；脚本 2 突出了"职场画饼"与"实际待遇"的冲突；脚本 3 突出了"领导说教"与"新人用事实反击"的冲突。显然在我们按需定制后，DeepSeek 还是给了我们很多启发，选择各部分对我们有用的内容"缝缝补补"就好啦！

口播文案：让你的表达更具感染力

对于口播文案，我们的需求是：简洁有力，直击痛点。因此我们可

---

[1] 指在一段关系中，一方通过言语打压、精神打压、言语否定的方式对另一方进行情感操纵和精神控制。

以给DeepSeek指令：创作一段1分钟左右的口播文案，主题为"如何快速提升职场竞争力"，风格简洁直白，内容易懂且富有感染力，结尾引导用户点赞关注。要求：1. 前30秒阐述核心观点，精准切中用户痛点；2. 再用30秒提供解决方案，结合真实案例提升用户信任度；3. 结尾采用强互动话术，促使用户评论、点赞和关注。

DeepSeek 生成：
口播文案：

0：00—0：30（核心观点阐述，切中痛点）
你是不是也有这样的困惑：每天忙到飞起，但升职加薪总是轮不到你？明明能力不差，却在职场里像个"小透明"？其实，问题不是你不够努力，而是你没找到提升竞争力的关键！职场拼的不是苦劳，而是价值！今天教你3招，让你快速脱颖而出！

0：30—1：00（解决方案 + 真实案例）
第一招，聚焦核心技能！
比如我朋友小李，之前只会基础 Excel，后来自学了数据透视表和 Python，直接成了部门的"数据分析达人"，半年就升了主管！

第二招，学会向上管理！
别只顾埋头干活，定期向领导汇报进展，提出解决方案。我同事小王就是靠主动沟通，拿到了一个重要项目，直接成了团队核心！

第三招，打造个人标签！
比如你擅长做PPT，就主动承包部门的汇报材料，让大家一提到PPT就想到你！记住，职场需要的是"不可替代性"！

1：00—1：10（强互动话术）
你觉得哪一点最难做到？评论区告诉我！如果你也想快速提升职场竞争力，点个赞，关注我，更多干货马上分享！

风格特点：
痛点精准：直击用户"努力却无回报"的困惑，引发共鸣。
解决方案具体：结合真实案例，增强说服力和可信度。
互动性强：结尾引导评论和关注，提升用户参与感。

电商文案：撬动流量，精准提升成交率

首先DeepSeek可以从以下方面帮助我们：

功能	应用场景	效果
卖点挖掘	服饰上新	AI从3000多条评论中提炼"显瘦""不起球"等关键词
场景化文案设计	露营装备专场	生成6种实用话术，转化率提升38%
违禁词检测	直播话术	实时监测52类敏感词，降低违规90%
多平台适配	抖音、小红书等	自动调整语气，CTR（点击通过率）差距3.7倍
客服话术优化	315客诉高峰	生成200多个售后模板，响应时间缩短了90%

其次我们可以用DeepSeek来复现头部主播的高转化话术，高精准地提炼关键词，让方案内容更加适配当前的销售场景，助力电商运营提效降本！

自媒体运营：精准选题，打造内容影响力

如何精准抓住用户兴趣，打造高互动、高转化的内容？DeepSeek让自媒体创作者不再盲目试错，从选题策划到内容撰写，一站式提升你的内容影响力！

那么我们在公众号运营中如何用DeepSeek帮助我们打造10万+爆款？

环节	DeepSeek 赋能	提示词模板
选题策划	结合热点趋势和用户画像，自动生成精准选题	我的选题方向是"ChatGPT 如何颠覆职场？"，请帮我生成 5 个选题，结合不同的热点方向，并生成大纲
标题优化	AI 生成多种风格的标题，提升点击率	请帮我用不同风格优化以下标题：ChatGPT 如何影响职场？ DeepSeek 生成： 悬念式：《职场 AI 革命：你会是赢家还是输家？》 数据导向式：《90% 的人都在用 ChatGPT 办公，你还没上车？》 情绪触发式：《ChatGPT 让我的年薪翻倍，但也让我焦虑！》
内容撰写	结合行业趋势和读者需求，输出高质量长文	以 HR 视角分析 ChatGPT 带来的职场压力，生成 2000 字左右的深度文

高互动类型的内容，DeepSeek 能从哪些方面帮助我们呢？我们就以小红书为例：小红书内容的核心在于真实感和互动性，DeepSeek 帮你精准洞察用户需求，自动生成易传播的"种草"文案！

如何使用 DeepSeek 高效生成"种草"文案？

只需要：

·输入产品信息和目标用户画像，如"适合职场白领的轻薄型笔记本电脑"。

·让 DeepSeek 生成不同风格的"种草"文案（包括情绪触发、理性分析、对比测评）。

·选取最佳文案，并生成互动引导语，提升用户参与感。

那我们如何设置我们的提示词呢？在生成小红书文案时，我们可以先向 DeepSeek 提出以下需求：

提示词：
我是一名小红书博主，我希望卖××产品；请你帮我设计3条小红书文案，要求：1.给出具体的风格，如亲切、真实、有感染力；2.总结产品的核心卖点，如便携、高效、多功能；3.结尾帮我引导互动，引导用户分享相关体验或看法。

DeepSeek 生成：
亲测！这台轻薄型笔记本电脑简直是职场神器！
日常办公：2秒开机，键盘手感绝了！
出差必备：超轻机身+12小时续航，不怕没电！
我的体验：用它制作PPT、剪辑视频都很流畅，真的值得入手！
互动引导：有没有和我用同款的小伙伴？你们觉得哪个品牌的轻薄本最好用？

无论是公众号的选题策划、标题优化、内容深挖，还是小红书的"种草"文案、互动引导，DeepSeek都能一站式帮你优化，提高点击率和互动量！

4.2 提效中枢：结构化内容生成与规划

如何高效处理日常任务、精准决策、提升团队协作能力，成为每一位职场人的核心挑战。办公自动化和智能化，帮助我们减少重复性劳动，让思考和创造回归工作的核心。

从会议管理（会议纪要整理、会议邀请）到商务沟通（工作报告撰写、邮件处理），再到知识管理（图书大纲提炼、案例分析、学科辅导）等，DeepSeek是你的秘密武器，AI正全面渗透到各个工作场景，帮助我们应对职场革命！

过去，你可能要熬夜加班写会议纪要、苦思冥想优化文案、花费大量时间整理数据。但现在，DeepSeek让这些任务变得轻松高效。

让DeepSeek帮你轻松整理周报、制作表格

在职场中，整理周报、制作表格几乎是每周固定的"苦差事"。憋了2小时，只写出"本周工作正常推进"？Excel公式复杂，数据分析低效？别担心，DeepSeek让你的行政办公时间从2小时缩短到5分钟！

还在苦思冥想如何让周报写得既专业又不显得"流水账"？DeepSeek帮你一键生成高质量周报，让老板一看就夸"思路清晰，执行力强"！

那么，如何用DeepSeek快速生成周报呢？我们来看一下具体案例：

提示词：
直接告诉DeepSeek你的职位、工作内容和关键数据，比如：
"我是互联网运营，本周做了用户增长活动，数据涨了15%。帮我写一份让老板夸'逻辑清晰'的周报，要突出'虽然有困难，但我努力解决了'！"

DeepSeek 生成：
用户增长活动专项周报

汇报人：××
时　　间：××××年××月××日

一、核心数据全景（首屏黄金位）

指标	活动的基准值	活动峰值	增幅	行业均值
DAU（日活跃用户数量）	58万	66.7万	+15%	+9%
新客转化率	12.3%	18.1%	+47%	+22%
分享裂变系数	1.2	2.8	133%	-
ROI	-	1:5.3	-	1:3.1

关键结论：活动超额达成KPI（原目标10%），核心指标均突破历史活动均值（过往活动平均增幅8%）。

二、破局三板斧（STAR 模型叙事）

1. 策略创新：社交裂变3.0模式

困境：传统红包裂变效率衰减（CTR同比下降40%）。
行动：引入社交裂变3.0模式，结合用户行为数据分析，优化分享机制。
结果：分享裂变系数提升至2.8，较基准值增长133%。

2. 渠道优化：精准投放与实时调整

困境：初期某渠道转化率低于预期。
行动：实时监控数据，调整投放策略，优化广告素材和投放时间。

结果：该渠道转化率提升至 18.1%，较基准值增长 47%。

3. 用户体验提升：简化流程与增强互动

困境：活动页面用户流失率较高。
行动：简化活动流程，优化页面设计，增加互动元素。
结果：用户留存率提升 15%，DAU 达到 66.7 万。

三、挑战与解决方案

挑战 1：活动初期用户参与度不高。
解决方案：增加奖励机制，优化活动规则，提升用户参与度。
挑战 2：某渠道投放效果不佳。
解决方案：分析数据，调整目标用户定位，优化广告文案。

四、下周计划

1. 持续监控活动效果，进行数据分析和优化。
2. 基于本周数据，策划下一阶段用户增长活动，目标是提升用户留存率。
3. 探索新的用户增长渠道，进行小规模测试。

五、总结

本周用户增长活动取得了显著成果，核心指标均超额完成。通过策略创新和精准执行，有效解决了活动中的挑战。我将继续优化运营策略，为公司用户增长做出更大贡献。

亮点：
数据驱动：用数据直观展示成果。
逻辑清晰：按照"数据—策略—挑战—计划"的结构，层次分明。
突出困难：将挑战和解决方案作为重点，体现解决问题的能力。
展望未来：提出下周计划，展现积极的工作态度。

建议：
根据实际情况修改数据和内容，确保真实准确。
可以使用图表等方式，使数据更加直观。
可以根据老板的关注点，调整报告的重点。

  DeepSeek生成的周报的特点：突出困境与解决方案，显得你努力又专业！简明扼要，拒绝废话，让老板1分钟掌握重点！

用DeepSeek制作表格，让 Excel 变得简单高效！那我们具体该如何操作呢？步骤如下：

1. 上传数据文件（如"2025年1月各区域销售数据.xlsx"）。

2. 输入指令："按大区统计同比增速，找出增长率前三且客单价超5000元的品类，生成组合柱状图。"

3. 导出结果：DeepSeek自动分析数据，制作图表，支持 Python、Power BI 代码导出，一键下载！

DeepSeek可以帮助我们生成组合柱状图、数据透视表，而且用Python或Power BI 代码导出后还可以支持数据复用。摆脱低效工作，从烦琐表格和周报中解放出来，把时间花在更重要的事情上！

看DeepSeek如何拯救你的会议纪要

刚刚熬过了一场长达 2 小时的产品会，老板却在结束前不动声色地补上一刀："30 分钟内整理出会议纪要，发给大家。"

你看着电脑屏幕上杂乱无章的笔记，脑子瞬间宕机，眼前浮现出三个噩梦级难题：

- 如何从冗长重复的讨论和领导口头禅中提取关键信息？会议录音里充斥着反复拉扯的话题，老板的"这个问题值得深入探讨""你再想一想"循环播放，想整理出重点？简直难如登天！
- 如何从你那比物理公式还难看懂的速记笔记中找到有效信息？你奋力速记的会议笔记，看上去就像爱因斯坦的推导现场，全是缩写和箭头，连自己都看不懂。到底"P2""KP"是什么意思？谁又是 KP？

- 如何将庞杂、混乱的信息变得逻辑清晰、结构分明？会议涉及多个项目进展、跨部门协作、数据报告，每个人的关注点都不同，想把这些内容归纳成一篇逻辑清晰、结构分明的会议纪要？难度简直是地狱级！

这时，救命神器——录音转文字工具＋DeepSeek-R1该登场了！

DeepSeek-R1操作指南：三步高效生成专业级会议纪要！

步骤1，将录音转为文字。用讯飞听见、飞书妙记等工具将录音转为文字（DeepSeek不能直接"吃音频"，这里建议将文字内容保存为TXT或Word文档），生成一份干净的会议记录：

- 修改明显的口误和识别错误，比如把"区块链"听成"区铁链"这种"史诗级翻车"。
- 不要删除冗余词，比如然后、那个等——当然，DeepSeek-R1自带废话过滤器。
- 在文档开头加一行"标记"，如以下为2025年2月23日项目推进会完整记录。

在这里提醒大家：如果是多人会议建议用不同颜色标注不同人的发言，方便AI识别。

步骤2，投喂给DeepSeek-R1。将整理后的文本输入DeepSeek，使用以下指令：

"请将会议内容整理成结构化纪要，包含：1. 核心议题；2. 关键讨论点；3. 结论；4. 待办事项（包括每个待办事项的责任人和截止时间），以表格形式呈现。"

步骤3，复制粘贴，一键搞定！

几秒钟后，AI自动输出一份层次清晰、逻辑分明、任务明确的会议纪要，老板一看就能掌握全局，团队成员职责明确，执行无压力！

用DeepSeek-R1生成的会议纪要（部分）：

类别	内容	责任人	截止时间
核心议题	项目进度汇报、数据优化方案讨论	——	——
关键讨论点	1. 本季度KPI进度是否达标？ 2. 数据分析工具升级的必要性	——	——
决策结论	确定本月15日前完成新工具测试	——	——
待办事项	落实AI工具培训＆内测反馈收集	人力＋产品团队	3月10日
	完成新工具测试	技术组	3月15日

效果立竿见影！你的老板只需扫一眼，就能知道谁该做什么，何时完成，一目了然！你再也不用在"听录音+翻笔记+熬夜"三件套里挣扎。DeepSeek帮我们：

√ 节省90%整理时间，不用再苦熬总结！

√ 整理出逻辑清晰、任务明确的会议纪要，让老板一目了然！

√ 团队协作更顺畅，执行到位无遗漏！

下次再遇到这种"组会噩梦"，整理会议纪要不再是难题！

4.3 数智引擎：AI 赋能职场决策

在现代职场，高强度、数据驱动的环境已成为常态。从财务分析到代码补全，从合同管理到市场决策，每一个环节都要求精准判断与高效执行。然而，面对信息爆炸、竞争激烈的市场，仅凭人工分析往往难以跟上节奏，如何在有限时间内做出更科学、更精准的决策，成为每位职场人士必须思考的问题。

DeepSeek，正成为新时代的职场"数智引擎"，以AI驱动的高效工具，赋能职场决策，助力你轻松应对烦琐任务，实现智能化升级。例如，它可以帮我们——

- 智能合同管理：自动提取关键条款，审查潜在风险，减少法律漏洞，提高合同执行效率。
- 高效代码补全：提升开发效率，减少重复劳动，优化代码质量，帮助程序员专注于更核心的创新。
- 深度市场分析：利用AI解析市场趋势、用户行为与竞争格局，提供精准的商业洞察。

在AI的赋能下，职场工作方式正在迎来革命性的升级。DeepSeek不仅是一个工具，更是一个数智化决策伙伴，帮助职场人突破传统工作的局限，以更快的速度、更精准的洞察、更智能的策略，立于未来竞争的制高点。

智能合同管理

无论是标书编写还是合同管理，都要求精准的法律条款、规范的格式和准确的数据引用，但传统方式往往烦琐低效，容易出错。DeepSeek通过自动生成标准合同、优化标书内容，大幅提升审查精准度，提高投标成功率。

以合同管理为例，DeepSeek不仅能快速识别条款、提供修改建议、分析潜在风险，还能让合同审查更高效、决策更精准。对于律师事务、企业法务、采购管理、投资并购等领域，AI不只是提升效率，更是让合同管理从重复劳动走向智能优化，助力企业在法律合规与商业交易中占得先机。

场景	DeepSeek 赋能	示例
采购合同审查	识别隐形风险和不平衡条款	AI发现供应商合同中有单方面解除权，建议修改以平衡双方责任
投资协议审查	确保股东权利、退出机制合理	AI发现股权转让条款过于宽泛，建议添加竞业禁止条款
劳动合同管理	保障员工权益，对合同进行合规管理	AI识别劳动合同中缺少竞业限制补偿条款，提供模板化修改建议
跨境合同审查	避免法律冲突和适用法规不清	AI发现合同约定"英国法律适用"，但交易主体涉及中国，提示潜在法律冲突

那么AI如何帮助你审查合同呢？合同审查往往涉及法律合规、风险控制、条款优化等多个层面。DeepSeek借助大数据和机器学习，实现快速扫描合同、识别风险点、提供优化建议，极大提升合同审查的精准度

和效率。

首先，AI可以自动识别条款，并进行合规检查：AI可快速识别合同中的关键条款，如责任限制、保密协议、支付条款等，并给出标准化修改建议。提示词："检查本合同中的'数据保密条款'，是否符合《中华人民共和国个人信息保护法》要求，并标注风险点。"

其次，AI可以帮我们对风险点进行识别并给出纠正建议。一般AI会从以下3个方面进行检测分析：

·模糊表述检测：如"合理期限""重大损失"等术语，AI会提示量化标准，提高合同明确性。

·权责失衡分析：AI可分析合同中是否存在单方解除权、过度免责条款等不平衡条款，并提出优化建议。

·隐藏风险检测：如仲裁条款冲突、不可抗力条款过窄、知识产权归属不清等问题，AI可自动标注并提供修订方案。

再次，可以用AI来进行逻辑一致性校验：AI还能检测合同内部是否存在条款冲突（如支付方式与违约责任不匹配），避免因内容矛盾导致合同无效。提示词："检查本合同中的支付条款与违约条款是否匹配，并提供优化方案。"

最后，我们可以用AI来对标优质合同模板：可通过AI上传并比对企业标准合同模板或行业范本，找出当前合同缺失的关键条款。

这种对合同的检查方法适用于采购合同、销售协议、投资协议、劳动合同等高标准合同管理需求。

DeepSeek不是简单地进行"模板填空",而是能提供个性化合同优化方案,提升合同的实用性、可执行性和商业价值。

那么DeepSeek具体可以从哪些方面帮我们优化、修改合同呢?

优化功能	DeepSeek 作用	提示词示例
条款重构 & 精简优化	优化冗长、难懂的合同条款,使表述更清晰、法律效力更强	将第5.2条的违约责任条款改写为分层结构,明确一般违约与根本违约的后果
智能修订标注	自动标记需要修改的内容,并提供修改建议,使合同修改更直观高效	标记合同中需要修改的内容,并提供修改建议
多版本合同对比	上传合同初稿和修订稿,自动生成合同变更对比报告,高亮标注新增、修改、删除内容	对比两个版本的合同,生成修订报告,并标注关键变更
行业合规 & 监管对比	根据最新行业法规(如《中华人民共和国数据安全法》《中华人民共和国劳动合同法》)进行合规性检查,确保合同符合最新政策标准,适用于金融、医疗、科技、跨境贸易等行业的高标准合规审查	根据《中华人民共和国数据安全法》对合同进行合规性检查

因此,在合同与标书的审查与优化过程中,DeepSeek与律师/投标专家的结合能够最大限度发挥技术优势,同时确保专业判断与商业策略的精准性。以下是对分工模式的建议:

AI负责标准化审查和结构优化

·进行基础性合同和标书审查,包括合规检查、标准条款优化、格式规范。

·识别潜在风险点,提供行业通用的最佳实践建议。

律师/投标专家负责个性化调整和策略优化

・结合具体交易背景，调整合同条款，确保契合商业需求。

・针对投标项目，优化标书内容（如定制化技术方案、商务条款），提高竞争力。

・处理复杂交易合同（如并购、投融资、跨境合同），优化谈判策略。

AI提供数据支持，律师/投标专家最终决策

・AI生成多种修改方案，律师/投标专家基于商业逻辑与法律实践做最终选择。

・结合AI生成的合同/标书分析报告，优化谈判策略，提高合同执行率和投标成功率。

DeepSeek 可以基于行业标准与模板，提供结构化优化，确保合同和标书的格式合规、条款完整、逻辑清晰。然而，合同与标书的最终质量不仅取决于文本规范性，更涉及商业策略、法律合规、市场竞争等因素，这正是专业人士发挥价值的核心所在。因此，在这类决策任务中，人工干预也非常重要，但AI可以帮我们解决很大一部分工作。

高效代码补全

互联网公司需要大家具备基本的办公软件使用技术，传统编程是一项高度专业化的工作，开发者不仅要精通复杂的语法规则、算法逻辑、系统架构，还需要不断学习新技术，面对高强度的开发压力。

现在编程已经不是程序员的专属技能，DeepSeek编程助手正在重塑程序员的日常工作方式，让普通人也可以尝试编程。

从代码补全到 SQL（结构化查询语言）语句生成，再到 API 文档自动编写，AI让开发速度提升数倍，曾经复杂难解的算法，如今只需使用自然语言描述，AI便能自动生成实现方案。这场变革标志着软件开发正从"手工作坊"迈向"智能工厂"。

下面，我们用一个案例，看如何用AI进行代码补全。

提示词：
"请补全 Python 代码，实现二分查找。"

DeepSeek 生成：
```python
def binary_search ( arr， target ) :
  left， right = 0， len ( arr ) – 1
  while left <= right:
    mid = ( left + right ) // 2
    if arr[mid] == target:
      return mid
    elif arr[mid] < target:
      left = mid + 1
    else:
      right = mid – 1
  return –1
```

然后我们还可以让DeepSeek帮我们识别潜在优化点，自动优化，例如：使用递归版本、增加类型注解、优化边界处理。

而SQL 查询往往是数据库开发的瓶颈，尤其是复杂的数据筛选、多表关联查询，即使是经验丰富的开发者，也可能因为语法错误导致查询失败。DeepSeek让 SQL 语句生成更加智能化，只需用自然语言描述查询需求，AI便能自动生成 SQL 代码，并提供优化建议。例如：

提示词：
"查询 2024 年 3 月销售额超过 5000 的所有订单信息。"

DeepSeek 生成：
```sql
SELECT order_id, customer_name, total_amount, order_date
FROM orders
WHERE total_amount > 5000 AND order_date BETWEEN '2024–03–01'
AND '2024–03–31';
```

同样我们可以用AI识别索引缺失、查询性能问题，并建议优化，如：

"建议在 total_amount 和 order_date 字段上添加索引，提高查询效率。"

使用DeepSeek辅助编程SQL语句错误率可以降低 80%，查询优化时间缩短 70%！

编写 API 文档是开发流程中最容易被忽略但又至关重要的环节，没有清晰的 API 说明，前后端协作容易出现问题。DeepSeek可自动解析代码逻辑，生成结构化 API 文档，让开发者不再为文档编写发愁。

我们只需要输入 Python 代码（Flask 示例）：
```
from flask import Flask，request，jsonify

app = Flask（__name__）

@app.route（'/get_user'，methods=['GET']）
def get_user（）:
    user_id = request.args.get（'id'）
    return jsonify（{"user_id": user_id，"name": "Alice"}）
```

DeepSeek 就给我们生成 API 文档（Markdown / Swagger 格式）：
```
### GET /get_user
#### 描述：
获取用户信息
#### 请求参数：
- `id`（string，必填）– 用户 ID
#### 响应示例：
`json
{
  "user_id": "123",
  "name": "Alice"
}
```

DeepSeek还能自动检查缺失字段，建议添加错误响应示例、字段类型说明等细节内容。

深度市场分析

在AI迅猛发展的时代,市场竞争加剧,用户需求不断变化,企业要想保持竞争优势,精准的市场洞察与高效的竞品分析至关重要。传统分析方式费时低效、数据复杂,但 DeepSeek 可实时监测行业动态,让这一切变得自动化、数据化、智能化。

DeepSeek如何助力竞品分析?首先,可以进行自动化数据收集和分析:实时监测竞品动态、市场趋势,自动生成分析报告;其次,可以进行用户情感分析:基于社交媒体和用户评论,提炼消费者真实反馈。

那么AI生成竞品报告,需要哪些要点呢?

·竞品市场份额 & 增长率(对比行业平均水平)

·价格 & 营销策略对比(竞品促销方式、定价策略)

·品牌影响力 & 口碑分析(社媒热度 & 用户情感评价)

·准确率(有明确的来源)

那么具体让DeepSeek如何做?比如你是某新能源汽车行业资深的产品经理,现在要进行市场调查和竞品分析,那么我们需要:

步骤	提示词示例
1. 输入目标品牌和关键词	"新能源汽车市场趋势"
2. 让DeepSeek抓取和处理竞品数据,自动分析市场格局和增长趋势	"抓取特斯拉 Model Q、蔚来 ET7、小鹏 X9 的①续航 ②智能驾驶方案 ③定价策略,输出 SWOT 分析。"
3. 要求 DeepSeek 进行数据验证	"标注信息来源并评估可信度"

在输入以上提示词后,我们很快可以看到DeepSeek帮我们生成的报告:

1. 竞品概览

车型	续航 (CLTC)	智能驾驶方案	定价策略
特斯拉 Model Q	约 550 km	Autopilot（基础版）+ FSD（全自动驾驶选配）	约 25 万人民币起，主打性价比
蔚来 ET7	约 700 km	NOP（领航辅助驾驶）+ NAD（全栈自动驾驶）	约 45 万人民币起，定位高端市场
小鹏 X9	约 650 km	XNGP（全场景智能辅助驾驶）	约 35 万人民币起，主打高端市场

以及我们提了需求的市场分析：

车型	优势	劣势	机会	威胁
特斯拉 Model Q	强大的品牌影响力 Autopilot 和 FSD 技术领先 25 万元人民币起，性价比高	·550 km 续航相对较低 ·部分地区售后服务网络不完善	·新能源汽车市场增长 ·各国政策支持	·竞争加剧 ·智能驾驶技术面临监管和公众质疑
蔚来 ET7	高端定位，吸引高品质消费者 700 km 续航领先 NAD 技术领先	·45 万元人民币起，价格较高 ·国际品牌认知度较低	·高端市场需求增长 ·拓展国际市场	·经济波动影响高端市场消费 ·其他厂商智能驾驶技术进步

续表

车型	优势	劣势	机会	威胁
小鹏 X9	XNGP 技术先进 35 万元人民币起，价格适中 650 km 续航良好	·品牌影响力较弱 ·中高端市场定位面临特斯拉和蔚来的双重竞争压力	·精准市场细分 ·与其他科技公司合作提升技术水平	·特斯拉和蔚来的竞争压力 ·智能驾驶技术面临监管和公众质疑

如果有图表需求，在这里还可以要求DeepSeek为我们继续提供绘制竞品市场份额饼图、用户情感分析图，以及增长趋势预测曲线等数据，然后就可以使用Excel、Python或其他工具快速绘制你需要的报告图了。

当然，如果其他工具你也不太会用怎么办呢？让DeepSeek给你生成具体的步骤即可，比如，我们希望用Excel绘制市场份额饼图，那么向DeepSeek发出指令，DeepSeek就会回答：

使用Excel绘制市场份额饼图：

1. 打开Excel，输入上述数据。

2. 选中数据区域（包括品牌和市场份额）。

3. 点击"插入"选项卡，选择"饼图"。

4. 根据需要调整图表样式、颜色和标签。

接下来我们可以分析用户情感，用AI解读用户反馈。

理解用户需求是提升转化的关键，DeepSeek用户情感分析系统可通过社交媒体、用户评论、电商平台反馈，快速提取用户情绪、关注点、痛点，帮助企业精准调整营销策略。

使用DeepSeek进行用户情感分析步骤如下：

步骤	步骤描述	具体操作及提示词示例	输出示例
1. 数据收集与输入	DeepSeek 支持从多个渠道（如社交媒体、用户评论、电商平台反馈）自动收集用户数据	具体操作：输入数据来源（如微博评论、京东商品评价、小红书笔记） 提示词示例："请分析以下平台的用户评论，提取情感和关键词：微博、京东、小红书。"	数据收集完成，准备进行分析
2. 情绪分类与情感分析	DeepSeek 通过 NLP 技术，自动分类用户情感（正面、中立、负面），并生成情感分布报告	提示词示例："对用户评论进行情感分析，分类为正面、中立、负面，并输出情感分布比例。"	正面情绪：65% 中立情绪：20% 负面情绪：15%
3. 高频关键词提取及分析	DeepSeek 分析用户评论中的高频关键词，提取产品卖点、用户关注点及改进建议	提示词示例："提取用户评论中的高频关键词，并分析用户关注点和改进建议。"	高频关键词：续航、智能驾驶、性价比、售后服务 用户关注点：续航里程、智能驾驶体验 改进建议：提升售后服务响应速度，优化智能驾驶算法
4. 竞品用户反馈对比	DeepSeek 支持对比竞品用户反馈，找出自身产品的竞争优势和差异化策略	提示词示例："对比特斯拉 Model Q、蔚来 ET7、小鹏 X9 的用户反馈，分析竞争优势和差异化策略。"	竞争优势：特斯拉 Model Q 的智能驾驶技术认可度高 差异化策略：蔚来 ET7 的换电模式受到用户青睐，小鹏 X9 的性价比优势明显
5. 生成分析报告	DeepSeek 自动生成用户情感分析报告，包括情感分布、关键词提取、竞品对比等内容	提示词示例："生成一份用户情感分析报告，包含情感分布、高频关键词、竞品对比和建议。"	生成 PDF 或 Markdown 格式的报告，可直接用于团队讨论或决策

DeepSeek 生成的用户情感分析报告，包含情感分布、关键词提取、竞品对比和改进建议。通过 DeepSeek 生成的用户情感分析报告，企业可以快速了解用户情绪、关注点和痛点，精准调整营销策略，提升转化率和用户满意度。

模型密码突破（一）——深度思考专家

模型密码七：决策模型——让AI帮你高效精准决策

在工作场景中，我们每天都会面对大量的决策，从简单的任务分配到复杂的商业战略。决策模型通过提供明确的问题或任务，并限定答案范围，帮助AI在预定义的选项中生成符合逻辑的答案。这样可以提高决策的精准度，避免AI自由发挥导致的不确定性，使其在信息筛选、文本分类、情感分析等任务中发挥最大效能。

决策模型的核心逻辑：

1. 明确问题或任务（如文本分类、选择最优方案）；

2. 设定预定义选项（限定可选答案，防止AI过度发散）；

3. 规定输出标准（明确答案形式、数据支持或逻辑推理）。

这种方法在需要分类、筛选或优先排序时，可以让AI输出的内容更聚焦，更符合实际需求。

决策模型的具体步骤：

1. 明确问题或任务

确定需要AI协助决策的具体问题，例如筛选最佳商业方案、分类客户反馈、优化任务分配等。

2. 设定预定义选项

预设合理的答案范围，例如：

情感分析：正面 / 中立 / 负面

商业策略选择：保守 / 平衡 / 激进

任务优先级：高优先级 / 中优先级 / 低优先级

3. 规定输出标准

规定具体的输出要求，如：

格式（是否需要表格、分点总结）

数据支持（是否引用相关统计或案例）

逻辑推理（是否需要解释选择原因）

应用案例：

案例 1：商业战略选择——确定市场进入策略

任务：公司正在评估进入某个新市场的战略，应选择"保守""平衡"或"激进"的策略。

提示词：
请基于以下市场数据，选择适合的市场进入策略（保守/平衡/激进），并解释选择理由。
市场数据：
- 目标市场增长率：15%
- 竞争对手数量：5 家
- 现有市场份额：0%
- 资金储备：中等

DeepSeek 生成：
选择策略：平衡
理由：该市场增长率较高（15%），意味着有一定的增长空间。但竞争对手数量较多，且公司当前市场份额为 0%，需要稳步推进。因此，选择"平衡"策略，即逐步建立市场份额，同时控制初期投资风险。

模型解析：

- 明确任务：市场进入策略选择

- 设定预定义选项：保守/平衡/激进

- 规定输出标准：选择+理由（结合数据分析）

案例 2：任务优先级管理——优化团队任务分配

任务：经理需要根据紧急程度和重要性对任务进行分类。

> **提示词：**
> 请基于以下任务清单，以高优先级/中优先级/低优先级的标准进行分类，并解释理由。
> 任务清单：
> 　1. 修复影响大量用户的系统漏洞
> 　2. 设计新产品 logo
> 　3. 审查上季度财务报告
>
> **DeepSeek 生成：**
> 　1. 修复影响大量用户的系统漏洞 → 高优先级（该任务涉及核心业务，影响面广，应立即处理。）
> 　2. 设计新产品 logo → 低优先级（该任务虽重要，但无紧急时间限制，可延后。）
> 　3. 审查上季度财务报告 → 中优先级（该任务需要完成，但不会影响短期业务运营。）

模型解析：

・明确任务：任务优先级管理

・设定预定义选项：高优先级/中优先级/低优先级

・规定输出标准：分类+理由

因此，我们可以通过明确决策任务（如市场选择、任务分类、情感分析），设定预定义选项（限制AI回答范围，防止过度发散），设定输出标准（让AI提供选择理由或数据支持）来高效使用决策模型。

模型密码八：文本分类模型——让AI帮你高效组织信息

我们经常需要从大量文本中提取关键信息，例如整理客户反馈、分析新闻报道、筛选学术文献等。文本分类模型提供了一种高效的方法，帮助我们将文本归类到不同类别，精准提取有用信息，提高分析效率。

文本分类是一种自动将文本归入特定类别的技术，广泛应用于文本分析、内容筛选、信息归档等任务。

与情感分析不同，文本分类的分类标准可以多种多样，不仅限于正面/负面/中性情绪，还可以从多个角度切入，例如事件分析、影响因素分析、要素分析等。

提示公式：

"请将以下文本分类为［分类标准］中的某一类别，并简要解释分类理由。"

这种方法适用于新闻分析、客户反馈整理、政策解读、学术文献筛选等多种场景，帮助AI精准归纳信息，使输出更加结构化。

文本分类模型的应用步骤：

1. 设定分类标准

- 事件分析（时间、地点、人物、事件、原因、结果）
- 影响因素分析（政治、经济、文化、环境）
- 要素分析（研究问题、研究方法、研究结论、研究背景、研究意义）
- 行业特定分类（如客户反馈分类、产品评价归类等）

2. 设计精准的提示词

- 指定分类标准
- 规定输出格式
- 限定分类依据

3. 设定输出标准

·提供分类，并说明理由

·设定字数要求

·结合数据或案例支持

应用案例：客户反馈分析

任务：将客户评价归类为产品质量问题／客服服务问题／物流配送问题，便于企业优化服务。

提示词：
请根据以下客户反馈，将其归类为产品质量问题／客服服务问题／物流配送问题，并解释分类理由。
客户反馈："收到的产品颜色和网站上展示的不一样，而且材质比想象中要差。"

DeepSeek 生成：
分类：产品质量问题
分类理由：该反馈涉及"颜色不符"和"材质问题"，均属于产品本身的质量问题，而非客服或物流问题。

模型解析：

·任务：客户反馈分类

·设定分类标准：产品质量／客服／物流

·输出格式：分类+分类理由

高效使用文本分类模型需要：

√ 明确分类标准（事件／影响因素／文献要素）。

√ 设定AI任务（如新闻归类、客户反馈分析、论文分类）。

√ 设计精准的提示词（提供文本、预定义分类，并要求解释分类理由）。

√优化输出格式（确保分类逻辑清晰，包含必要信息）。

文本分类模型能帮助我们高效处理大规模文本（减少手动归类工作），精准筛选关键信息（提升决策效率）。此模型适用于多种场景，如新闻采集、客户服务、学术研究、商业分析等。

Part5

AI 伙伴:
改变各产业

在 AI 技术的迅猛发展下，多个行业正经历深刻变革，各行业从业者都感受到了人工智能带来的冲击，其中受到影响最大的是白领阶层。脉脉创始人兼 CEO 林凡曾表示，未来 2—3 年内，80% 的白领工作可能会被 AI 取代。

这一趋势在广告和公关行业尤为显著。2023 年 4 月，知名公关及广告服务商蓝色光标宣布，将"全面、无限期"停止创意设计、文案撰写等外包支出，转而拥抱 AIGC 技术。此举引发了业界对 AI 技术在广告行业中作用和影响的热议。

在 AI 时代，仍然能够有竞争力的人可能是三类人：一是能够帮助技术不断迭代的人，二是具备机器目前所不具备的综合性管理能力的人；三是能够批判且创新的人。

总的来说，AI 正以前所未有的速度和深度改变各个行业，这既带来了挑战，也带来了机遇。接下来我们主要以教育行业、电商行业以及传媒行业为例，以小见大，看看 AI 对行业的具体改变，以及我们要如何应对。

AI 伙伴助力，
为自己赋能。

5.1 DeepSeek 如何重塑产业生态？

DeepSeek大模型自2025年2月4日正式上线昇腾社区以来，迅速成为AI领域的焦点。华为小艺助手在次日宣布接入DeepSeek-R1，用户可通过原生鸿蒙系统的"小艺助手App—发现—智能体广场"直接体验更智能、自然的AI交互。这一合作标志着DeepSeek在AI助手生态融合方面迈出了重要一步，进一步推动了AI服务的普及化。

与此同时，DeepSeek的影响力迅速扩展至通信、云计算、汽车等多个行业。2025年2月8日，工信部发布的春节通信业务报告显示，中国移动、中国电信、中国联通三大运营商已全面接入DeepSeek开源大模型，并在多场景中深度应用，为DeepSeek-R1提供专属算力支持，加速AI普惠化进程。在云计算领域，京东云、阿里云、百度智能云、华为云、腾讯云等国内巨头，以及亚马逊AWS、微软Azure等海外企业，纷纷宣布支持DeepSeek大模型，推动其成为全球云计算生态的重要组成部分。

在智能驾驶领域，DeepSeek的入局被视为2025年AI智驾爆发的关键驱动力。吉利、极氪、岚图、宝骏、智己等车企相继宣布将DeepSeek-R1整合至智能座舱系统，推动AI在汽车行业的深度应用。小鹏汽车董事长何小鹏表示："AI将驱动汽车产业发生翻天覆地的变革，而DeepSeek正站在这场变革的前沿。"

DeepSeek的技术突破也赢得了全球科技巨头的认可。英伟达宣布DeepSeek-R1登陆NVIDIA NIM平台，在HGX H200系统上实现高达3872 token/秒的推理速度，展现了其强大的性能优势。亚马逊和微软也分别将DeepSeek-R1整合至Amazon Bedrock、SageMaker AI和Azure平台，进一步拓展其全球应用场景。

在金融领域，DeepSeek的影响力同样显著。截至2025年2月，国泰君安、兴业证券、广发证券等至少16家券商已完成DeepSeek-R1的本地化部署，应用于智能投研、AI中台和知识驱动等场景。中金财富通过DeepSeek-R1升级智能投顾助手，实现了"热点发现—资讯处理—策略生成"三位一体的服务模式，标志着AI投研时代的全面到来。

从智能助手、云计算、车载AI到金融行业，DeepSeek正在快速渗透各大产业链，成为驱动AI变革的核心引擎。2025年不仅是AI技术爆发的一年，更是国产大模型崛起的拐点。DeepSeek的成长正在塑造一个全新的AI生态，推动全球产业升级。

5.2 DeepSeek：
技术变革、生态重塑与全球 AI 格局的分水岭

完成前面的探索后，我们来总结一下——为什么DeepSeek不仅是一个新技术的诞生，更是AI产业格局的分界点？

技术革新：从算力竞赛到智能优化

DeepSeek的崛起，不只是一次普通的AI技术升级，而是一次范式转移，直接挑战了"算力决定一切"的传统信仰。长期以来，AI行业的共识是："更强的模型需要更强的算力。"但DeepSeek用事实证明，技术创新同样可以打破算力壁垒。

算力依赖的终结者

DeepSeek的突破让全球AI研究者重新审视AI发展的可能性。吴恩达曾评论，DeepSeek仅用不到600万美元的计算成本，便在H800 GPU上成功训练出媲美顶级模型的AI。这意味着，未来AI发展不再只是资金和算力的竞赛，而是算法优化、架构创新和高效训练方法的竞争。

知识蒸馏：小模型的大智慧

DeepSeek的另一大技术创新在于知识蒸馏，它通过数据与模型蒸馏，使大模型的知识迁移至轻量级模型，从而降低计算成本、提升推理

速度。然而，这一技术也面临"隐性天花板"问题，即学生模型的能力仍然受制于教师模型的固有限制（《DeepSeek技术白皮书》）。即便如此，这项技术的突破，也已经让AI应用在资源受限场景（如移动端、边缘计算）成为现实。

产业生态变革：开源与硬件优化的双重革命

DeepSeek不仅是一个技术创新者，更是产业生态的重塑者。它选择了一条与OpenAI封闭体系截然不同的道路——开源！

DeepSeek开放了模型权重和代码，不仅降低了企业AI研发成本，还极大地加速了技术迭代。数据显示，DeepSeek开源模型在短短6个月内，获得的优化建议相当于原团队3年的积累（深度求索开源报告）。这意味着，AI技术的发展正从"闭门造车"转向全球协作式进化。

DeepSeek在硬件优化方面同样大胆突破，它直接使用英伟达的PTX汇编语言，绕过CUDA，实现了更精细的计算控制，从而提升GPU计算效率。尽管PTX的编程难度极高，维护复杂，但它也为未来适配国产GPU奠定了坚实基础。

DeepSeek的高效能、低算力依赖模式，也让全球数据中心的建设思路发生变化。CDCC（以国家标准推广、市场调研等服务内容为主的标准技术组织）专家指出，DeepSeek的优化技术将推动智算中心向分布式、小规模集群发展，并促进ARM（精简指令集）架构在数据中心的渗透。同时，尽管AI计算的整体能耗可能降低，但液冷等绿色算力技术将成为主流。

国际竞争：颠覆商业模式，重塑全球AI格局

DeepSeek的横空出世，远不只是技术上的胜利，更是直接撼动了全球AI商业模式和科技巨头的格局。

DeepSeek的高效能、低成本策略，直接影响了英伟达、台积电等传统硬件巨头的市场预期。分析师指出，如果AI行业不再盲目追求算力扩张，而是转向更优化的计算架构，高端GPU的需求可能会受到冲击。

与此同时，OpenAI、Anthropic（美国人工智能初创公司）等依赖大模型收费的AI公司，也面临商业模式的严峻挑战。DeepSeek的API调用成本仅为OpenAI的3%，几乎是AI服务的价格屠夫（纳斯达克市场分析）。

2025年1月，DeepSeek的影响力在全球资本市场引发震荡：

- 英伟达股价单日暴跌17%，投资者对算力需求的未来产生疑虑。
- 中国A股"DeepSeek概念股"大涨，资本市场对国产AI技术的信心空前高涨（A股市场数据）。

DeepSeek不仅打破了大公司对AI的垄断，也为独立开发者和创业公司创造了前所未有的机会。过去只有科技巨头才能负担的AI训练，如今小型企业、个人开发者也能轻松实现。这意味着，AI在医疗、教育、内容创作等领域的创新应用将迎来新一轮爆发（AI创业趋势报告）。

因此，DeepSeek不仅是一款新的AI模型，更是AI产业变革的引领者。它带来的影响不仅仅是技术上的进步，更是整个AI产业生态的重构：

·从算力至上的思维，转向技术驱动的优化路径。

·从封闭商业模式，转向开源协作与低成本应用。

·从依赖欧美AI技术，转向国产技术独立创新。

·从资本驱动的AI投资，转向创业者与开发者的普惠时代。

2025年，DeepSeek的上线不仅是AI行业的一个里程碑，更是全球科技竞争格局的分水岭。接下来我们以部分主要行业为例，看下AI给产业带来的具体变革。

5.3 以教育行业、电商行业、传媒行业为例

AI改变教育行业：从智能教学到个性化学习

AI正以前所未有的速度重塑教育行业，为教师和学生提供更加智能、高效、个性化的学习体验。DeepSeek等先进AI工具的应用，使教育行业在出题、批改、课堂互动等方面实现了革命性突破。

个性化学习：AI 如何让教学更精准?

在传统教育模式中，学生往往被要求按照统一进度学习，但每个学生的认知能力、学习兴趣和知识基础都不同，导致教学效果参差不齐。AI通过深度学习和数据分析，使个性化学习成为现实。

1. 自适应学习路径

DeepSeek能够实时分析学生的学习数据，精准评估其知识掌握情况，并动态调整教学内容。例如，某学生在数学学习中表现较强，但在阅读理解方面较为薄弱，AI可以针对其弱点推荐更适合的学习资源，同时调整练习难度，以确保该学生的学习效果能有效提升。

2. AI智能出题

传统的题库系统往往是人工编写的，难以满足不同学生的需求。而AI可以根据学生的知识掌握情况，动态生成个性化试题。例如，

DeepSeek的生成式AI技术可以基于语义分析自动创建习题，并结合大数据分析推荐最佳解题策略，从而使出题更加智能化。

3. 实时学习反馈

AI还可以通过NLP分析学生的学习习惯，提供即时反馈。例如，当学生提交答案后，AI不仅可以给出对错判断，还能提供详细解析，帮助他们理解知识点，进而优化学习路径。

以AI智能出题为例：

如果你是一名老师，需要设计一套完形填空练习题。过去，这可能要花费你一整天的时间：先构思一篇符合教学目标的文章，再手动挑选关键单词挖空，并为每个空格提供合理的干扰选项。现在，这一切只需一个AI指令，DeepSeek便能在几分钟内完成！

第一步，AI智能生成文章，精准匹配教学内容

首先，我们需要一篇能考查特定词汇和语法点的文章。我们让DeepSeek以"突发状况与应对"为主题写一篇生动的小故事，同时在指令中列出了本单元的核心词汇，如"burst（爆裂）""dispose of（处理）""alter（改变）"等，以确保生成的内容符合教学目标。

以下是DeepSeek的输出：

When Life Alters Plans

Last weekend, my dorm life took an unexpected turn. It all started when a water pipe in our building burst suddenly, flooding the hallway. The noise was so loud it felt like a blast had gone off nearby! We had to dispose of the water quickly, using mops and buckets, while waiting for the repair team.

But that wasn't the end. The repair work altered our plans completely. Our study group had to move to the library, and my roommate's birthday party was canceled. To make things worse, construction crews used small blasts to fix the underground pipes, shaking our windows every afternoon.

In the end, we learned to adapt. Life doesn't always go smoothly, but how we dispose of challenges truly matters. Even a burst pipe can't alter our determination to stay positive—though I'll never forget the sound of that first blast!

评价：这篇文章不仅情节紧凑，语言自然，还完美融入了目标单词，使其成为一篇高质量的教学材料。

第二步，AI 一键生成完形填空题

我为您设计了一套完形填空练习题。这些题目旨在考查学生对核心词汇的理解和运用，同时也涉及一些常见的语法点。

完形填空练习题

When Life Alters Plans

    Last weekend, my dorm life took an unexpected turn. It all started when a water pipe in our building _____ (1) suddenly, flooding the hallway. The noise was so loud it felt like a _____ (2) had gone off nearby! We had to _____ (3) the water quickly, using mops and buckets, while waiting for the repair team.

    But that wasn't the end. The repair work _____ (4) our plans completely. Our study group had to move to the library, and my roommate's birthday party was _____ (5). To make things worse, construction crews used small _____ (6) to fix the underground pipes, shaking our windows every afternoon.

    In the end, we learned to _____ (7). Life doesn't always go smoothly, but how we _____ (8) challenges truly matters. Even a _____ (9) pipe can't _____ (10) our determination to stay positive—though I'll never forget the sound of that first _____ (11)!

选项

(1) A) burst	B) broke	C) exploded	D) leaked
(2) A) burst	B) blast	C) noise	D) sound
(3) A) dispose of	B) clean up	C) remove	D) handle
(4) A) changed	B) altered	C) shifted	D) modified
(5) A) postponed	B) canceled	C) delayed	D) rescheduled
(6) A) bursts	B) blasts	C) explosions	D) noises
(7) A) adapt	B) adjust	C) cope	D) manage
(8) A) dispose of	B) deal with	C) handle	D) manage
(9) A) burst	B) broken	C) leaking	D) damaged
(10) A) change	B) alter	C) shift	D) modify
(11) A) burst	B) blast	C) noise	D) sound

答案

1. A) burst
2. B) blast
3. A) dispose of
4. B) altered
5. B) canceled
6. B) blasts
7. A) adapt
8. A) dispose of
9. A) burst
10. B) alter
11. B) blast

> **第三步，AI 智能解析，提高学习效果**
> DeepSeek 不仅能生成试题，还能提供详细的答案解析，帮助学生理解考点。
> 例如：
>
> 解析
> (1) burst：根据上下文，水管爆裂，符合"burst"的意思。
> (2) blast：形容声音非常大，像爆炸一样。
> (3) dispose of：处理水的意思，符合上下文。
> (4) altered：改变计划，符合"alter"的意思。
> (5) canceled：生日派对被取消，符合上下文。
> (6) blasts：施工队使用小型爆炸来修复管道。
> (7) adapt：学会适应，符合上下文。
> (8) dispose of：处理挑战，符合上下文。
> (9) burst：爆裂的水管，符合上下文。
> (10) alter：改变我们的决心，符合"alter"的意思。
> (11) blast：第一次爆炸的声音，符合上下文。
>
> 评价：这套练习题不仅考查了学生对核心词汇的理解，还通过上下文帮助他们更好地掌握这些单词的用法。希望这套练习题能帮助您的学生更好地理解和运用这些单词和语法点。

DeepSeek还能基于学生的回答情况，自动调整难度，确保不同水平的学生都能获得最佳学习体验。

与传统出题方式相比，DeepSeek的智能出题系统具备以下优势：

√ 精准匹配教学目标：AI可以根据教学大纲，确保考查的词汇和语法点符合课程要求。

√ 高效省时：过去可能需要几个小时甚至一天的出题工作，现在只需几分钟即可完成。

√ 提高试题质量：AI能够智能选择易混淆选项，提高试题的区分度和考查价值。

√ 自动批改与解析：DeepSeek不仅能出题，还能即时批改，并提供详细解析，帮助学生更快提高成绩。

在AI的帮助下，教育可以真正回归"因材施教"！

AI 智能评估：减轻教师负担，提高教学效率

过去，教师在作业批改、考试评估等方面耗费了大量时间，而AI的智能批改与评估功能极大地提升了教学效率，使教师能够更专注于教学创新和学生培养。

AI自动批改作文

DeepSeek等AI模型已具备强大的文本理解能力，能够对学生的作文进行语法、逻辑、结构等多维度评估。例如，在英语写作评测中，AI不仅能纠正拼写和语法错误，还能针对文章结构、论点逻辑等方面提供改进建议，让学生能够更快地提升写作能力。

AI自动评分与考试评估

人工批改试卷往往需要耗费大量时间，特别是在主观题方面，评分标准难以统一。而AI可以基于大量历史评分数据，自动分析答案质量，并给出合理评分。例如，DeepSeek的智能批改系统能够识别开放性问题的回答逻辑，并基于评分规则给出客观评估，减少人为误差，提高评估的公正性。

案例：AI 如何自动批改作文

> **提示词：**
> 目标：
> 请你作为一名专业的英语教师，帮助批改以下学生的作文，指出拼写、语法、句子结构、逻辑表达等问题，并给出修改建议和评分。
> 要求：
> 纠正拼写错误：高亮标记拼写错误的单词，并提供正确拼写。
> 语法检查：识别时态、主谓一致、介词使用等语法错误，并解释正确用法。
> 句子结构优化：如果句子冗长、不通顺，建议更好的表达方式。
> 逻辑连贯性：分析段落衔接是否自然，建议改进逻辑过渡的方式。
> 词汇和表达改进：指出低级词汇的替换建议，提高文章的用词丰富度。
> 智能评分：按照雅思、托福或其他评分标准（如 0~10 分），给予合理分数，并解释评分依据。
> 个性化反馈：总结学生的写作优点和需要改进的地方，提供改进建议。

作文批改格式：
原文展示（带错误标注）
批改后文本（修正后的完整文章）
错误分析与建议
最终评分
改进方向
学生作文：
［在这里粘贴学生的作文］

DeepSeek 生成：
学生作文原文（带错误标注）

My Favorite Hobby

My favorite hobby is reading. **I like to read** books because they are **interesting** and I can learn **many things** from them. I usually read in my free time, especially on weekends. Sometimes, I read for hours without **stopping**. **I think** reading is a good way to relax and **improve** my knowledge.

I like to read different types of books, such as novels, **history books**, and **science books**. My favorite book is "Harry Potter". It is a **very exciting** story and I have read it **many times**. I also **like to read** books about history because they teach me about the past. **Science books** are also **interesting** because they explain how things work.

Reading is not only fun but also **helpful**. It helps me to **improve** my vocabulary and writing skills. **I think** everyone should read more books because they are **very useful**. Reading can also help you to **understand** different cultures and ideas. **I believe** that reading is one of the **best** hobbies in the world.

评价：我们可以看到，DeepSeek 帮我们在需要改进或修正的地方加粗标记了。

批改后文本（修正后的完整文章）

My Favorite Hobby

My favorite hobby is reading. I enjoy reading books because they are fascinating, and I can learn a lot from them. I usually read in my free time, especially on weekends. Sometimes, I read for hours without taking a break. I believe reading is an excellent way to relax and expand my knowledge.

I enjoy reading various genres, such as novels, historical books, and scientific literature. My favorite book is *Harry Potter*. It is an incredibly captivating story, and I have read it multiple times. I also love reading historical books because they provide insights into the past. Scientific books are equally intriguing as they explain how the world works.

Reading is not only enjoyable but also beneficial. It helps me enhance my vocabulary and improve my writing skills. I think everyone should read more books because they are incredibly valuable. Reading can also broaden your understanding of different cultures and perspectives. I firmly believe that reading is one of the most rewarding hobbies in the world.

错误分析与建议

1. 拼写错误
无明显的拼写错误。

2. 语法错误
原文："I like to read books because they are interesting and I can learn many things from them."
修正："I enjoy reading books because they are fascinating, and I can learn a lot from them."
解释：将"like to read"改为"enjoy reading"更自然；"interesting"改为"fascinating"提升词汇丰富度；"many things"改为"a lot"更简洁。

原文："I think reading is a good way to relax and improve my knowledge."
修正："I believe reading is an excellent way to relax and expand my knowledge."
解释："think"改为"believe"更正式；"good"改为"excellent"提升表达效果；"improve"改为"expand"更准确。

原文："I like to read different types of books, such as novels, history books, and science books."
修正："I enjoy reading various genres, such as novels, historical books, and scientific literature."
解释："like to read"改为"enjoy reading"更自然；"different types of books"改为"various genres"更专业；"history books"改为"historical books"更准确；"science books"改为"scientific literature"更正式。

原文："It is a very exciting story and I have read it many times."
修正："It is an incredibly captivating story, and I have read it multiple times."
解释："very exciting"改为"incredibly captivating"提升表达效果；"many times"改为"multiple times"更正式。

原文："Reading can also help you to understand different cultures and ideas."
修正："Reading can also broaden your understanding of different cultures and perspectives."
解释："help you to understand"改为"broaden your understanding"更高级；"ideas"改为"perspectives"更准确。

3. 句子结构优化
原文："Sometimes, I read for hours without stopping."
修正："Sometimes, I read for hours without taking a break."
解释："without stopping"改为"without taking a break"更自然。

原文："I think everyone should read more books because they are very useful."
修正："I think everyone should read more books because they are incredibly valuable."
解释："very useful"改为"incredibly valuable"提升表达效果。

4. 逻辑连贯性
文章逻辑清晰，段落衔接自然。建议在第二段开头加入过渡句，如"In addition to novels, I also enjoy..."以增强连贯性。

5. 词汇和表达改进
将"like"改为"enjoy"或"love"以提升词汇丰富度。
将"interesting"改为"fascinating"或"captivating"以增强表达效果。
将"many things"改为"a lot"或"a great deal"以简化表达。

最终评分

评分标准：雅思写作评分标准（0-9分）
得分：7.0

评分依据：
1. 任务完成度：7.5
   文章内容切题，观点明确，论述充分，但部分表达可以更深入。
2. 连贯与衔接：7.0
   文章逻辑清晰，段落衔接自然，但缺少一些过渡词和句子。
3. 词汇丰富度：7.0
   词汇使用较为基础，但修改后有所提升。
4. 语法多样性及准确性：7.0
   语法基本正确，但句子结构较为简单，缺乏多样性。

改进方向

1. 提升词汇丰富度：多使用高级词汇和同义词替换，如"fascinating"替代"interesting"，"expand"替代"improve"。
2. 增强句子多样性：尝试使用复合句和复杂句，避免使用过多简单句。
3. 加强逻辑过渡：在段落之间和句子之间添加过渡词，如"in addition""furthermore""however"等。
4. 深化内容：在论述观点时，可以加入具体例子或个人经历，使文章更有说服力。

> **个性化反馈**
>
> 优点：
> 文章结构清晰，主题明确，内容切题。
> 表达流畅，能够清楚地传达自己的观点。
>
> 需要改进的地方：
> 词汇和句子结构较为简单，缺乏多样性。
> 逻辑过渡可以进一步加强。
>
> 提升建议：
> 多阅读英文原版书籍，积累高级词汇和表达。
> 练习写作时，尝试使用不同的句型和语法结构。
> 在写作前先列提纲，确保逻辑清晰，内容充实。
>
> 希望这些建议对你有帮助，继续加油！

DeepSeek不仅能指出错误并进行评分，还能提供修改理由和优化建议，让学生能够清楚地理解错误类型，并快速掌握正确用法。那我们如何优化提示词呢？

需要更详细解析？加上"请逐句分析错误，并提供详细解释"。

需要更有创意的表达？加上"请提供更高级的句式替换建议"。

需要评分标准？加上"请按照CEFR（欧洲共同语言参考标准）或Band Score（雅思考试的总分）评分"。

与此同时，AI正在革新课堂互动，使学习更具吸引力，学生更主动。传统课堂受限于教师精力和设备，而AI的引入为教学带来更多创新。例如，DeepSeek的对话式AI助手可实时解答学生问题，并拓展知识点，使学习不再局限于教材，而能探索更广阔的领域。

结合VR（虚拟现实）/AR（增强现实）技术，AI让教学更直观、生动。在历史课上，学生可"亲历"历史事件；在生物课上，可利用AR观察细胞结构，增强理解深度。AI还能将学习游戏化，基于学生数据生成挑战任务，通过闯关模式和实时反馈提升学习动力。

此外，AI推动教育公平化。在线学习平台让偏远地区学生也能获得优质资源，多语言翻译AI则打破语言障碍，实现跨文化学习。DeepSeek等AI技术正让教育更智能、高效、个性化，并将在大数据和云计算的加持下，进一步推动教育向灵活、多元、公平的方向发展。

AI改变电商行业：以虚拟主播为例

在AI技术的推动下，虚拟主播正以前所未有的速度颠覆电商行业。从直播带货到品牌营销，这一技术不仅优化了成本结构，还极大地提升了销售转化率和用户体验。以下，我们将从行业现状、技术突破、商业价值及未来趋势四个方面探讨AI虚拟主播如何改变电商行业。

虚拟主播的行业现状

虚拟主播已成为各大电商平台的重要布局方向，以下是几个典型案例：

京东"言犀虚拟主播"

AI数字人技术，使直播成本降低95%，同时提升GMV（商品交易总额）30%，有效实现降本增效。

百度优选数字人直播

在2023年双十一期间，虚拟主播带来的GMV同比增长740%，创造了电商直播的新高度，验证了AI的商业价值。

抖音电商虚拟主播

依托高度拟真的数字人形象，实现24小时不间断直播，打破时间和地域限制，极大提升商品曝光率和用户触达率。

技术突破：多维度创新

虚拟主播的成功离不开核心技术的进步，具体体现在以下几个模块上：

模块	具体内容
数字形象构建	采用计算机图形学和深度学习算法，生成高度拟真的虚拟人；通过精细的面部建模和动作捕捉，确保人物交互体验接近真人
智能交互系统	基于自然语言处理和情感识别，虚拟主播能够精准理解用户需求，实现智能客服式对话；智能商品推荐，可根据用户喜好动态调整话术，提高销售转化率
多场景适配	AI赋能虚拟主播适应不同商品类目，实现精准营销；结合AR/VR技术，让用户获得更具沉浸感的购物体验

虚拟主播的优势与潜力：成本、效率与用户体验

首先，虚拟主播在降低直播成本方面表现出显著优势。根据行业数据，虚拟主播的运营成本仅为传统主播的20%，大幅节省了薪酬、培训、化妆造型等费用。此外，传统直播需要专业设备和场地布置，而虚拟主播仅需前期开发和技术对接，后续可无限次复用，极大地降低了硬件成本。

其次，虚拟主播突破了生理极限，能够实现7×24小时不间断直播。研究数据显示，这种全天候直播模式使GMV贡献率提升了26%，尤其在夜间销售时段优势明显。此外，虚拟主播可同时面向不同国家和地区市场进行直播，无须额外成本，实现了全球化推广。

最后，虚拟主播能够根据用户的浏览历史和购买行为提供个性化商品推荐，显著提高转化率。同时，AI主播情绪稳定，话术一致，避免了真人主播因情绪波动影响直播效果的问题。例如，虚拟主播"Cover"在B站开播100天，粉丝数迅速增长至129.9万，其背后的瑞士公司The Ari Universe月收入高达2500万日元，充分展现了虚拟主播在提升用户体

验和商业价值方面的潜力。

虚拟主播不仅是直播电商的降本增效工具，更是品牌营销、跨境电商、智能客服的核心载体。随着AI技术的不断进化，未来的虚拟主播将拥有更高的智能交互能力，成为品牌的长期数字化代言人，为电商行业带来更深层次的变革。

AI重塑传媒行业：高效创作、精准分发与内容监管

传媒行业的变革我们在之前的章节中也提到过，从新闻采编、内容创作到个性化推荐，再到智能审核，AI正以前所未有的方式重塑着媒体生态。这里我们将从AI赋能内容生产、AI优化传播效率、AI强化内容审核3个核心方向，探讨AI如何改变传媒行业，并结合实际案例与数据，揭示AI驱动的未来趋势。

AI赋能内容生产

其中AI在内容创作领域的突破，极大提升了生产效率，使传媒行业能够以更低的成本、更快的速度产出优质内容。AIGC的应用涵盖了新闻采编、短视频创作、广告创意等多个方面。

1. AI在新闻采编方面的应用：新华社AI记者和彭博新闻社自动新闻系统

传统新闻采编往往需要大量的记者和编辑投入，而AI通过自然语言处理技术，可以迅速抓取、分析海量新闻素材，并自动生成新闻摘要。例如：

·新华社AI记者已能快速生成市场快报、突发新闻，提高新闻报道的实效性。

・彭博新闻社采用自动化新闻生成系统，能在几秒钟内完成财经新闻的撰写，提高新闻机构的生产力。

2. AI在短视频创作方面的应用：DeepSeek 和 Runway Gen-2 的应用

短视频已成为新媒体时代的主流内容形式，而AI可以大幅降低创作门槛。例如：

・Runway Gen-2 可根据文本指令生成高质量视频，让内容创作更加自动化。

・DeepSeek 可一键生成热门短视频标题，助力自媒体创作者打造爆款内容。

案例：

用 DeepSeek 零成本打造自媒体账号：

1. 打开 DeepSeek，输入提示词，例如："请帮我生成50个关于'女性成长'的爆款标题，标题中要有数字、情绪词、动词，最好能结合当下热点。标题需符合小红书的平台调性。"

2. DeepSeek立即生成高度吸引人的标题，如：

"30岁后才明白的10条人生真相，早看早受益！"

"你还在瞎努力？这5个高效学习法才是聪明人的秘密！"

3. 结合DeepSeek生成的标题与 Runway Gen-2 生成的视频素材，即可快速打造零成本高质量的短视频内容。

AI 优化传播效率：精准推荐，增强用户互动

在传媒行业，获取流量与用户留存至关重要。AI通过个性化内容推荐、粉丝互动自动化等方式，提高用户黏性和传播效率。

1. 个性化内容推荐：精准匹配用户兴趣，提高用户黏性

AI通过用户行为分析，精准匹配用户兴趣，使内容推送更加智能。例如：

·抖音、今日头条 依靠AI推荐算法，使用户在短时间内沉浸式浏览感兴趣的视频，提高用户留存率。

·Netflix 通过AI预测用户喜好，为不同观众推荐最适合的影视内容，增加观看时间。

个性化推荐如何提高用户参与度？根据 Netflix 发布的数据，其AI推荐系统使用户观看量提高了 80%，大幅增强了平台用户黏性。

2. 粉丝互动自动化：AI自动回复粉丝评论，提高互动率

社交媒体平台上的粉丝互动，往往决定了账号的活跃度。AI可通过自动回复系统，提高用户互动效率。例如：

·AI机器人可实时分析粉丝评论情绪，并自动生成回复，提高社交媒体账号的运营效率。

·Facebook、微博等平台 已采用AI进行评论自动化管理，以增强用户互动体验。

某自媒体公司在使用 ChatGPT 自动回复粉丝评论后，发现其粉丝互动率提升了 37%，极大减少了人工管理成本。

AI 强化内容审核：保障信息真实性与合规性

随着AIGC的大规模应用，信息真实性和版权问题成为媒体行业不可忽视的挑战。AI也正被用于内容审核，以提升信息可信度。

1. AI在社交平台内容监管中的应用

·Facebook、微博采用AI过滤虚假新闻和不良内容，防止谣言传播。

·TikTok利用AI识别敏感内容，确保平台内容符合社区规范。

据Facebook公布的数据显示，其AI识别不良信息的准确率达97.6%，显著提升了平台内容的合规性。

2. AI在版权保护中的应用

由于AI生成内容的普及，版权归属问题变得越来越复杂。例如：

·AI生成的新闻、视频、图片是否受著作权保护？

·使用AI生成的内容进行商业化是否侵权？

目前，部分国家正在制定AI版权保护法律，以规范AI生成内容的使用范围。

2024年的《AI版权与伦理报告》显示：

·62%的传媒公司认为需要新的法律框架来规范AI生成内容的版权归属。

·45%的受访者担心AI可能侵犯原作者的知识产权。

因此，AI时代的传媒行业，机遇与挑战并存。

AI在传媒行业的应用已涵盖内容生产、传播优化、智能审核三大核心环节，大幅提升了生产力。但与此同时，也带来了信息真实性、版权争议、算法推荐导致的信息茧房等新挑战。

AI在传媒行业的未来发展趋势

·技术突破：AI在内容生成、自动剪辑、智能审核方面将进一步进化，提升内容生产效率。

·规范与监管：AI生成内容的版权和真实性问题，将成为媒体行业监管的重要议题。

·人机协同创作：AI并不会取代媒体工作者，而是成为他们的工具，人机协同提高内容创作质量。

AI在传媒行业的变革才刚刚开始。无论是新闻记者、内容创作者，还是社交媒体运营者，都应学会利用AI工具，提高生产力，适应新媒体时代的变化，人机共创将成为传媒行业的新常态。

模型密码突破（二）——创新应用搭档

模型密码九：强化学习模型——让AI成为你的成长伙伴

在技术驱动的时代，AI正在重塑各个行业，从医疗到金融，从教育到制造业。强化学习模型通过不断迭代、优化输出，帮助我们深入挖掘行业变革的核心驱动因素，揭示潜在模式，并形成高质量的分析结论。

强化学习的核心逻辑是AI通过不断获取反馈、调整自身行为，最终实现更高质量的输出。在与AI交互时，用户可以不断调整问题，让AI生成更深层次、更符合预期的答案。

提示公式：

"让我们进一步探讨……+ 主题 + 递进问题 + 设定输出标准"

这种方法适用于：

- 深入分析行业变革（如AI如何改变金融、教育、医疗等）
- 最大化挖掘理论视角（例如用不同经济学理论分析市场趋势）
- 构建系统性分析框架（通过递进式提问，形成完整研究模型）

强化学习模型的应用步骤：

1. 明确核心问题

- 确定行业变革的研究问题，例如：

    "AI如何改变金融行业的决策模式？"

    "AI在风险管理中的作用是什么？"

    "强化学习在算法交易中的应用有何优势？"

2. 递进式问题设计

- 第一步：广泛探讨（如"AI在金融行业的主要应用有哪些？"）
- 第二步：聚焦细节（如"在算法交易中，AI如何优化投资策略？"）
- 第三步：挑战假设（如"AI是否会导致市场风险增加？"）

3. 设定输出标准

- 要求AI结合案例、数据、理论
- 让AI不断迭代答案，提高分析质量
- 设定最终结论的完整性和深度

案例：强化学习模型在金融行业的应用

任务：探讨AI如何引发金融行业的变革。

提示词：
让我们进一步探讨 AI 在金融行业的应用。请从以下四个方面进行分析，并提供相关案例：1）算法交易，2）风险管理，3）个性化金融服务，4）反欺诈系统。

DeepSeek 生成：

1. 算法交易
　　AI 通过强化学习优化交易策略，例如高频交易使用 AI 进行微秒级市场分析，实现快速套利。
　　案例：2021 年，摩根大通推出 AI 交易算法"LOXM"，显著提高市场执行效率。

2. 风险管理
　　AI 能够通过大数据分析预测市场风险，并自动调整投资组合，以降低潜在损失。
　　案例：高盛使用 AI 进行信用风险评估，提高贷款审批的精准度。

3. 个性化金融服务
　　通过 AI 识别客户行为模式，银行和金融机构可提供定制化理财方案。
　　案例：摩根士丹利 WealthDesk 使用 AI 提供个性化财富管理建议。

4. 反欺诈系统
　　AI 通过模式识别检测异常交易，防止金融欺诈。
　　案例：PayPal 采用 AI 监控交易，实时识别欺诈行为，降低损失。

模型解析：

・任务：AI在金融行业的应用分析

・递进式提问：从宏观（行业整体）到微观（具体案例）

・输出标准：分类说明+案例支持

强化学习模型可以持续优化问题，挖掘深层次信息；帮助我们突破思维定式；形成完整的行业变革分析框架。

模型密码十：知识生产模型——让AI成为你的创新引擎

在学术研究中，知识的价值不仅仅在于总结已有的理论和数据，更在于探索新的解释、提出新的观点、拓展未知领域。知识生产模型通过AI的知识整合能力，帮助研究者生成独特的见解和创新的假设，从而提升研究的创造性和前沿性。

本模型适用于论文写作、理论创新、跨学科研究、数据分析解释等场景，特别是在需要产生新想法或提出新解释的学术任务中尤为关键。

知识生产模型的核心在于利用AI生成新的、原始的信息，帮助研究者进行知识创新。相比于传统的信息检索，AI能够：

1. 从不同理论框架出发，提供新解释（如重新解读经典理论）。

2. 基于已有数据推测新的趋势（如发现潜在模式）。

3. 在跨学科领域整合信息，产生新理论（如社会学+人工智能的交叉研究）。

提示公式：

"请生成关于××的最新研究和原始信息。"

"请基于已有研究，对××提出新的解释。"

"请结合不同理论，生成关于××的新观点。"

这种方法适用于探索未知领域、提出新假设、生成创新解释、分析数据结果等研究任务。

知识生产模型的应用步骤：

1. 明确研究目标

· 确定要生成新知识的主题，例如：

"AI时代的知识生产机制"

"社交媒体如何影响学术传播？"

"AI在哲学研究中的应用可能性"

2. 设定任务类型

- 生成新观点（如重新解释社会资本理论）
- 提出新假设（如AI对社会行为的影响）
- 预测趋势（如未来10年人工智能的发展方向）

3. 设定输出标准

- 明确AI需要结合哪些理论、提供哪些数据支持
- 要求AI提供新见解，而非仅总结已有研究

案例：数据分析解释

任务：解释数据中的新模式，并推测可能的原因。

> **提示词：**
> 请分析以下数据，并生成关于影响消费者行为的新见解。
> 数据：80% 的消费者在社交媒体上看到广告后，会在一周内进行购买决策。
>
> **DeepSeek 生成：**
> 该数据表明社交媒体对消费决策的影响力显著，可能有以下几种新解释：
> 1. 即时满足心理的强化：社交媒体平台通过算法推送高相关性广告，使消费者更倾向于即时购买。
> 2. 影响力营销的作用：KOL 在社交媒体上的影响，使得用户对推荐内容的信任度更高，加速了购买决策。
> 3. 购买决策路径的缩短：传统消费模式经历多个阶段（搜索—对比—购买），而社交媒体广告直接提供购买链接，减少决策时间。

模型解析：

- 任务：对数据进行新解释
- 输出标准：提出 3 种新的理论推测
- 生成新信息：社交媒体缩短了消费决策路径

因此，知识生产模型可以提供新观点、新假设，推动理论创新；帮助研究者跨学科思考，拓展知识边界；生成有创意的学术内容，提高研究的前沿性。

Part6

AI 共生：
时代的挑战
　　　与机遇

在 AI 迅猛发展的时代，我们与 AI 不再是单纯的使用者和工具的关系，而是深度共生、协作进化。如何在这个新时代占据主动，关键在于掌握以下六大核心能力——它们决定了你能否真正驾驭 AI，而不是被 AI 裹挟前行。以下是六大核心能力的表格，帮助你快速理解每项能力的关键点和实战技巧。

核心能力	定义	关键问题	实战技巧
AI 思维	了解 AI 的工作机制、数据逻辑和局限性，学会用 AI 提升学习和决策能力	AI 的决策逻辑是什么？ AI 的输出是否有偏差？如何高效利用 AI 辅助学习？	学习 AI 原理，避免盲目信任 AI 结合多种 AI 工具优化任务 让 AI 帮助整理知识体系
提问与引导能力	通过精准提问，引导 AI 提供高质量答案，提升互动效率	我的问题是否具体清晰？ 如何拆解问题，让 AI 更好地理解？ 如何优化提问方式，提高 AI 回答质量？	练习"层层拆解"提问法 用"为什么？""还有别的可能吗？"等问题帮 AI 拓展思维 让 AI 从多个角度回答问题
系统整合力	处理和整合 AI 提供的大量信息，形成完整的知识体系	这些信息之间的联系是什么？ AI 的不同来源数据是否可靠？ 我如何用 AI 整理我的知识库？	用 AI 生成思维导图 结合不同 AI 工具进行交叉验证 让 AI 帮助归纳和总结复杂内容
判断与决策力	在 AI 辅助下做出正确决策，筛选和验证 AI 的信息	AI 提供的信息可靠吗？ 如何避免 AI 的偏见和错误？ 在哪些情况下，我需要自己决策？	交叉对比 AI 的不同答案 查找权威来源进行验证 结合 AI 分析和人为判断，优化决策
创造力	让 AI 成为创意放大器，增强创新能力，而不是限制思维	AI 的答案是否千篇一律？ 我如何在 AI 基础上进行创新？ AI 能帮我激发哪些新的创意思维？	用 AI 进行头脑风暴，探索新思路 让 AI 提供多个不同风格的答案 AI 辅助 + 人为创意，打造个性化内容
元认知能力	反思和优化自己的学习与 AI 互动方式，不断提升效率	我的学习方法是否高效？ 我如何优化与 AI 的互动，提高产出质量？ AI 如何帮我加速成长？	记录和分析与 AI 的对话，优化提问方式 让 AI 帮助制订个性化学习计划 用 AI 复盘任务，提高反思能力

所以我们要问问自己，是否掌握了以下能力：

1. AI 思维：能否理解 AI 的逻辑，而不是盲目使用？
2. 提问与引导能力：能否精准提问，让 AI 给出真正有价值的回答？
3. 系统整合力：能否把 AI 的输出整合成自己的知识体系？
4. 判断与决策力：能否筛选和验证 AI 的信息，而不是直接接受？
5. 创造力：能否让 AI 成为创意放大器，而不是局限自己的想象力？
6. 元认知能力：能否不断优化自己的学习方式，让 AI 成为成长助推器？

这个时代最好的工具已经摆在你面前，但怎么用它，取决于你自己！

6.1 AI 共生的挑战

技术变革的每一次浪潮，都带来了阵痛和机遇。20世纪，电力和计算机的出现让大量手工业者和文书工作者面临转型，而AI的时代同样如此。

AI目前还在高速发展的过程中，可能有许多方面的挑战，本书主要分析与我们最相关的：传统行业的转型要走向何方？传统岗位会如何变化？该如何应对假信息及对AI的依赖？AI的权利和责任要如何界定？如何保护自己的数据安全和隐私？

一、传统岗位的替代与转型

20世纪初，福特汽车的流水线革命彻底改变了制造业的生产模式，而今天，AI和自动化技术正在掀起一场更为深远的产业革命。从富士康的智能工厂到特斯拉的"黑灯工厂"，我们正迅速步入一个"无人化制造"时代。这场变革不仅改变了生产方式，也对传统岗位带来了前所未有的冲击。

制造业：从人力密集到智能制造

富士康，这家全球最大的电子制造商，是制造业自动化转型的典型代表。2012年，富士康宣布计划在3年内部署100万台机器人

（Foxbots），以降低对人工劳动力的依赖。如今，这些机器人已经能够执行精密装配、检测和包装等任务，大幅提升了生产效率。据统计，在引入智能自动化后，富士康在部分工厂的工人数量减少了60%。

特斯拉的"黑灯工厂"则将自动化推向极致。这种工厂几乎完全由机器操作，甚至不需要开灯，因为工人已被高度自动化的机械臂取代。特斯拉的上海超级工厂就是一个典型例子，其生产线自动化率高达95%，成为全球制造业的标杆。这种趋势正在汽车制造、电子装配等行业迅速蔓延，传统工厂工人的就业形势因此变得更加严峻。

服务业：AI客服与虚拟助手的崛起

在银行、电信、电子商务等行业，AI客服和聊天机器人正在迅速替代传统客服岗位。以中国工商银行为例，其AI客服系统"工小智"已经能够处理90%以上的客户咨询，显著降低了人力成本。在美国，摩根大通通过COIN系统，每年减少36万小时的法律合同审核工作量，大幅提升了效率。

一项由高德纳咨询公司发布的研究预测，到2030年，全球超过85%的客户服务将由AI驱动。这意味着，传统的电话客服、在线客服乃至部分销售岗位，都将面临AI的极大冲击。

数据处理行业：算法比人工更高效

数据分析员曾被誉为"信息时代的黄金职业"，但AI的崛起让这一职业也开始面临挑战。AI不仅可以快速分析海量数据，还能识别趋势并预测未来。例如，高盛在2017年用AI取代了600名交易员，仅留下2名人工监督员。

在医疗领域，IBM沃森人工智能医疗（IBM Watson Health）能够在几秒钟内分析数百万份病历，并为医生提供最佳治疗方案，大幅减少了传统数据分析员的工作量。可以预见，未来在保险、金融、市场研究等行业，AI将在数据处理和分析方面承担更多任务。

低技能岗位被淘汰的风险加剧

世界银行的一项研究显示，全球约40%的工作可能在未来20年内被自动化取代，尤其是低技能岗位。例如，美国快餐行业已经开始广泛引入AI点餐系统和自动烹饪机器人。麦当劳测试了一款AI驱动的自动点餐系统后，发现错误率比人工减少80%，因此计划在全球推广。

所以我们该如何应对AI时代的就业挑战？

提升数字技能：无论是程序员还是市场营销人员，都需要掌握AI工具，如数据分析、自动化软件等。

培养跨学科能力：未来的热门职业往往是AI与某个行业的结合，如AI+法律、AI+医学、AI+教育。

发展软技能：未来我们需要及时调整自己，培养AI无法替代的能力，如创造力、情商、团队协作能力，将成为职场竞争力的重要指标。

二、假新闻和对AI的依赖性

尽管AI非常智能但仍有传播虚假信息的风险，而我们可能会过度依赖AI，导致自身的批判性思维能力下降。例如，很多人在使用AI生成答案时，往往忽略了对信息的验证，而是直接接受其结果。

那么如何应对AI带来的依赖性与批判性思维的衰退？

首先，要养成"AI+人工验证"的习惯，不要直接接受AI的回答，学会交叉验证。

·多渠道核实信息：AI可能会生成错误或虚假信息（即"幻觉"现象）。在使用AI提供的信息前，主动查阅权威来源（如学术期刊、政府官网、专业机构官网等）。

・用多个AI对比答案：不同的AI模型可能会给出不同的答案，尝试在不同工具间交叉验证，避免被单一AI误导。

其次，可以训练AI帮你"质疑"AI，在与AI交互时，不要只让它提供直接答案，而是可以这样提问：

"这个答案有哪些潜在的不准确性？"

"如果从相反角度来看，这个问题的答案会是什么？"

"请提供数据来源和证据以支持你的回答。"

通过这种方式，让AI成为你的"思维对手"，而不是你的"思想替代品"。

然后，要建立"AI辅助思考，而非替代思考"的心态。AI只是你的"加速器"而非"最终决策者"，比如在写论文时，可以用AI来启发思路，但最终论证和整合必须由自己完成。

可以设定AI的使用范围：思考哪些任务可以完全交给AI（如数据整理），哪些必须自己参与（如分析推理）。

最后，要练习"逆向思维"，主动挑战AI的结论，当AI给出答案时，尝试提出反例，从不同角度评估它的正确性。

比如：如果AI告诉你"AI可以提高工作效率"，你可以反问：

"是否有行业或情况是AI无法提高效率的？"

"AI可能会造成哪些新的问题，反而降低效率？"

这种训练可以强化批判性思维，让自己成为一个更独立的思考者。

三、数据安全与隐私问题

AIGC技术的应用引发了对数据隐私和信息安全的担忧，例如模型训练数据可能涉及用户隐私。2023年，OpenAI的ChatGPT因数据泄露问题引发关注，意大利数据保护机构甚至暂时禁止其在该国的使用，并要求OpenAI改进隐私保护措施。

为应对这些挑战，业界已采取多项关键措施：

·加强数据保护和管理：通过数据加密、访问控制等手段确保安全。例如，苹果公司的"差分隐私"技术，在保护用户隐私的同时提升AI算法的学习能力。

·引入隐私保护技术：使用差分隐私、同态加密等技术降低隐私泄露风险。谷歌的联邦学习技术已广泛应用于智能手机，使数据无须上传即可训练AI模型。

·监管与自律：制定行业标准，确保AIGC技术的合法合规应用。欧盟《人工智能法案》正不断完善，以建立全球范围内的数据合规体系。

所以我们为了保护隐私，应该：

优先选择可信的AI平台，如DeepSeek、百度文心一言等，避免使用来源不明的工具。

限制敏感信息输入，如身份证号、银行账户等，并开启隐私保护设置，例如ChatGPT的"关闭聊天记录"模式，避免数据被存储。

警惕AI"社工"风险，不点击AI生成的未知链接，避免透露敏感信息。

使用本地AI或开源模型，对于高隐私需求，使用ChatGLM等模型，确保数据不上传云端。

关注隐私法规（如《中华人民共和国个人信息保护法》）和AI工具的隐私协议，定期更新安全意识，学习密码管理、多因素认证等网络安全知识。

通过选择可信工具、限制敏感信息、开启隐私设置、防范AI"社工"风险、使用本地模型、关注法规和提升安全意识，我们可以在享受AI便利的同时，有效保护个人隐私和数据安全。

四、AI的权利与责任边界

在AI高速发展的时代，我们不仅需要思考它带来的便利，还要深入探讨AI在法律、伦理以及版权归属上存在的问题。当AI成为决策的一部分时，那么决策带来的后果由谁来负责？借助AI取得的创作成果归谁所有？这不仅是技术问题，更是法律与伦理的博弈。

设想这样一个场景：一辆搭载AI辅助驾驶系统的汽车在路上行驶，突然前方出现障碍物，AI需要在撞向障碍物或变道撞上行人之间做出决策。然而，一旦发生事故，责任究竟应该由谁来承担？

目前，对于AI参与决策的责任归属，法律界仍在争论不休，主要有以下几种观点：

1. 制造商责任说：AI系统的开发者，如特斯拉、Waymo（谷歌母公司Alphabet旗下的自动驾驶子公司）需要承担主要责任，因为他们设计了决策算法，但未能预见或避免事故。

2. 使用者责任说：AI只是辅助驾驶，最终决策仍由人类完成，因此驾驶员应承担主要责任。

3. 混合责任模式：在部分情况下，制造商与使用者需共同承担责任，依据具体情况划分责任比例。

国际上，一些国家已开始探索相关法规。例如，欧盟《人工智能法案》建议，高风险AI（如自动驾驶、医疗AI）需要具备更严格的责任机制，而美国则倾向于将责任归结于使用者。但一个共识是，AI不可能独自"承担"责任，因为它并非法律意义上的主体。

除了决策责任，AI在内容创作领域也引发了版权归属的争议。如今，AI可以生成文本、音乐、绘画甚至代码，那么这些作品的版权应当归属于AI及AI开发者，还是使用AI的创作者？

目前不同国家对AI创作的版权归属持不同态度：

·美国：2023年，美国版权局明确规定了AI全自动生成的作品不享有版权，但如果AI只是辅助创作，而人类对作品有"足够的创造性贡献"，则人类仍可获得版权。

·欧盟：欧盟《版权指令》倾向于将AI生成的内容归入公共领域，即任何人都可以使用，不受版权保护。

·中国：目前尚未有专门针对AI创作的版权法，但在司法实践中，法院倾向于认为AI是工具，版权归人类创作者。

那我们作为使用者应该如何规避版权风险，保护自己的创作权益呢？

首先，要了解AI生成内容的版权归属：目前，大多数国家的法律（如美国版权局）认为，完全由AI生成的内容不受版权保护，因为《版权法》通常要求作品具有"人类作者"的创造性贡献。这意味着，如果你直接用AI生成一幅画或一篇文章，你可能无法对其主张版权。但如果你对AI生成的内容进行了实质性修改或添加了独创性元素，这部分内容可能受到版权保护。例如，你用AI生成了一幅草图，然后在此基础上进行了大量手绘和设计，最终作品呈现的是你的创意，那么这幅画的版权可能归属于你。

因此，在使用AI工具时，要尽量增加自己的创造性贡献，以确保你对最终作品拥有版权。

其次，我们要阅读AI工具的用户协议：许多AI平台（如DeepSeek、ChatGPT）会在用户协议中明确说明，用户输入的数据和生成的内容是否会被用于训练模型或与其他用户共享。例如,某些平台可能默认将你的输入数据用于改进AI模型。许多AI平台的用户协议中还会包含版权声明:部分AI工具可能对生成的内容拥有一定的使用权。例如,某些平台可能要求用户授予其非独占的、全球范围内的使用权。

因此在使用AI工具前,要仔细阅读用户协议,了解平台对生成内容的权利和义务。如果条款不明确或过于苛刻,可以考虑选择其他工具。我们建议将AI视为你的"创意助手",而不是"创作者",来确保你对最终作品拥有主导权。

然后,避免直接使用AI生成内容:如果你希望完全拥有作品的版权,尽量避免直接使用AI生成的内容作为最终成果。可以将AI生成的内容作为灵感或素材,在此基础上进行二次创作,加入自己的创意、设计或文字,确保最终作品具有足够的独创性,从而符合版权保护的要求。

最后,添加透明化声明:如果你在创作中使用了AI工具,建议在作品中明确标注"AI辅助创作"或"部分内容由AI生成"。这不仅是对版权的尊重,也能避免未来的法律纠纷。

6.2 AI 共生带来的机遇

比尔·盖茨曾说："AI的本质不是取代人，而是增强人的能力。"未来的工作世界不会是"AI和人类的对抗"，而是"AI和人类的协同共生"。对劳动者来说，唯一的出路是与AI共生，学会驾驭AI，而不是被AI取代。

"技术不会取代人，但懂技术的人将取代不懂技术的人。"

——埃隆·马斯克

AIGC技术正在加速全球就业市场的重塑。从自动化替代重复性任务到赋能创新岗位，AI技术不仅改变了工作方式，更催生了全新的职业生态。根据世界经济论坛（WEF）《未来就业报告》，到2025年，"机器人革命"虽然将使8500万个工作岗位被机器取代，但也将创造9700万个新就业岗位。那么，在AI驱动的未来，哪些领域将迎来高速增长？哪些行业将成为红利行业？

一、人机协作的全新范式

随着人工智能技术的飞速发展，AI已经从简单的工具演变为人类真正的协作者。过去，AI主要用于执行特定任务，如数据分析、图像识别等，而未来，AI将与人类进行深度协作，共同探索未知领域、解决复杂问题。这种全新的人机协作范式正在重塑我们的工作方式、学习模式和创新路径。

人与AI的互动不再局限于指令执行，而是进化为一种深度协作关系。例如，AI不仅可以帮助学者撰写论文，还能与研究者共同探讨研究方向，提供数据支持和趋势预测。根据麦肯锡全球研究院的报告，到2030年，AI将在全球范围内创造13万亿美元的经济价值，其中大部分来自人机协作带来的效率提升和创新突破。

"在AI时代，最重要的能力不是执行任务，而是创造价值。"

——凯文·凯利（《失控》作者）

未来不再仅仅拼效率，更是拼系统思维、创新能力和复合技能：

1. 系统思维

在AI时代，复杂系统的优化和跨学科整合将成为关键。能够理解并连接不同领域知识的人将更具竞争力。例如，特斯拉通过AI技术优化其自动驾驶系统，不仅需要工程师的技术能力，还需要他们具备系统思维，将AI算法与车辆动力学、交通规则等多领域知识相结合。

2. 创新能力

随着AI逐步取代重复性工作，人类的角色将转向探索新领域和开拓新业务模式。例如，OpenAI的GPT-4不仅能够生成文本，还能帮助设计师、作家和程序员激发创意，推动跨领域的创新。

3. 复合技能

AI与行业背景的结合将成为职场标配。例如，医疗数据科学家不仅需要医学知识，还需要掌握AI算法和数据分析技能。这类跨学科人才在AI驱动的医疗、金融、教育等领域中具有显著优势。

与此同时，AI正在成为每个人的"第二大脑"，赋能个人成长，帮助个体在学习、研究和职场中提高效率。例如，学者可以利用AI进行文献综述和数据分析，企业管理者可以通过AI优化决策流程，而创作者则可以用AI激发灵感，提高生产力。根据高德纳的研究，到2025年，超过50%的知识工作者将使用AI工具来辅助日常工作。

这也增加了低门槛创业机会：AI降低了多个行业的进入门槛，使更多人能够以低成本、高效率的方式进行创新。例如，以前需要专业编程技能才能完成的任务，如今可以通过AI辅助工具轻松实现。像可画（Canva）这样的设计平台，利用AI技术让普通用户也能制作出专业级的设计作品。根据全球统计数据库（Statista）的数据，全球AI市场规模预计将从2021年的3270亿美元增长到2030年的1.8万亿美元，其中很大一部分来自低门槛创新工具的普及。

AI不会让人类失业，但不会使用AI的人将面临淘汰。面对AI重塑的产业格局，我们需要主动拥抱变革，不断学习新技能，提高创造力和跨学科思维。未来将属于那些能够驾驭AI、创造价值的人。正如凯文·凯利所言："未来属于那些能够与机器协作的人。"

二、AI技术重构就业版图

AI技术的迅猛发展正在深刻改变全球就业市场。尽管AI取代了一些传统岗位，但它也创造了大量新兴职业，尤其是在高技能和跨学科领域。根据领英（LinkedIn）的《新兴工作报告》，过去5年中，AI工程师、数据科学家和机器学习专家的岗位需求增长了74%。

这种就业版图的重构表明，高技能人才的需求将持续增长，尤其是人工智能工程师、数据科学家和机器学习专家等岗位的需求预计将增长30%以上。

三、AI驱动的核心高技能岗位

AI技术的普及催生了对高技能人才的强烈需求，尤其是在STEM（科学、技术、工程、数学）领域。以下岗位将成为AI时代的"金饭碗"：

1. 数据科学家

数据科学家负责构建和优化AI模型，从数据中提取商业价值。根据领英2024年《全球人才趋势报告》，AI相关技能需求同比增长了75%，数据科学家的平均年薪在美国已达到13.6万美元。

2. 机器学习工程师

机器学习工程师是AI的"建筑师"，负责算法优化和模型部署。全球范围内，机器学习工程师的需求增长了近50%。科技巨头如谷歌、亚马逊和特斯拉正在大力招聘这类人才，薪资待遇也水涨船高。

3. AI架构师

在大模型时代，AI架构师需要设计和搭建复杂的计算框架，以支持自动化和智能化应用。这类岗位的需求正在快速增长，尤其是在云计算和AI平台领域。

4. 自动驾驶工程师

自动驾驶技术的快速发展催生了对相关工程师的强烈需求。例如，Waymo和特斯拉正在大力招聘这类人才，推动自动驾驶技术的商业化落地。

四、AI+行业融合催生的跨学科职业

AI与各行各业的深度融合催生了许多跨学科职业，这些岗位要求从业者不仅具备AI技术能力，还需掌握行业知识。接下来，让我们一起了解这些新兴职业吧！

1. AI医疗分析师

AI在医疗影像识别、远程诊疗等领域的应用逐渐普及。例如，腾讯觅影已在中国数百家医院落地，推动了这一岗位的需求。根据麦肯锡的研究，AI在医疗行业的应用预计每年可为全球节省1000亿美元的医疗支出。

2. AI金融分析师

AI在金融风控、投资决策中的应用正成为主流。例如，摩根大通的AI系统COIN可秒级完成合同审查，节省90%的时间成本。根据普华永道的研究，到2030年，金融科技领域将新增超过100万个工作岗位。

3. AI法律顾问

AI法律分析系统可处理合同审核、案件分析，但最终的法律策略仍需人类律师把关。例如，美国瑞生律师事务所已将AI工具纳入日常工作流。

4. 学习设计师

结合AI技术，学习设计师设计个性化学习方案，推动智能教育的发展。例如，纽顿（Knewton）等智能教育平台利用AI分析学生的学习行为，提供定制化的学习路径，显著提高了学习效率。

五、AI无法取代的社会情感技能岗位

尽管AI在数据处理和自动化任务上表现出色，但在创造力、情感共

鸣和伦理决策领域，人类仍然有着不可替代的优势。以下岗位需求将持续增长：

1. AI伦理顾问

随着AI在司法、医疗、金融等领域的深度应用，伦理问题日益凸显。例如，OpenAI的GPT-4引发的版权争议，使得企业对AI合规专家的需求激增。微软和谷歌已成立专门的AI伦理委员会，AI伦理顾问成为各大科技公司争相招揽的人才。

2. 心理咨询师

虽然AI可进行初步心理健康分析，但面对复杂情绪，人类仍是最佳倾听者。根据《哈佛商业评论》的研究，到2030年，社会情感技能岗位需求将增长26%。

3. 创意职业（如作家、艺术家）

AI虽能生成内容，但真正的情感共鸣仍依赖人类创作。例如，《流浪地球2》的特效虽由AI优化，但剧本仍依赖人类创作。Adobe推出的文本和图像视频AI生成器Firefly（萤火虫）也表明，AI辅助设计已成趋势，但创意指导仍依赖人类。

AI技术的快速发展正在重构全球就业版图，尽管一些传统岗位可能消失，但更多新兴职业正在崛起。高技能人才、跨学科复合型人才以及具备社会情感技能的从业者将在AI时代占据重要地位。企业和个人需要积极拥抱变革，提升AI相关技能，以应对未来的挑战与机遇。

6.3 如何在 AI 共生时代保持竞争力？

我们常听到这样的担忧："AI会不会取代我的工作？"但换个角度思考，我们真正应该关注的是："我如何在AI时代拥有不可替代的价值？"

著名心理学家卡罗尔·德韦克在《终身成长》一书中提出"成长型思维"的概念，她认为，真正的成功源于不断突破自我，而不是依赖外部工具。同样，在AI时代，我们的竞争力并不在于掌握某款AI软件，而在于能否提升自己的行动力、毅力和创造力。

正如埃隆·马斯克所说："真正的困难不是学会如何使用AI，而是培养自己的第一性原理思维。" 换句话说，AI可以帮助我们更快地执行任务，但它无法取代我们的深度思考和创新能力。

一、提升AI素养与核心能力

"人工智能的最大风险，不是AI变得太聪明，而是人类变得太懒惰。"

——牛津大学AI伦理学家尼克·博斯特罗姆

1. 增强AI素养

理解AI的基本原理并掌握高效使用AI的技巧至关重要。例如，精准的提示词设计可以最大化AI的辅助作用。国内企业如百度推出的文心一言，已经在教育、医疗等领域广泛应用，帮助用户通过优化提示词设计提升工作效率。此外，学习如何使用AI工具（如ChatGPT、Midjourney等）已成为职场必备技能。

2. 培养批判性思维

AI生成的信息可能存在"幻觉效应"，即输出看似合理但实际上错误的内容。因此，我们需要学会质疑和验证AI的答案。例如，国内学术研究者利用百度学术等AI工具整理文献时，仍需通过交叉验证确保信息的准确性。

3. 强化创造力与跨学科思维

AI可以提升效率，但创造力、情感共鸣和故事讲述等能力仍然是人类的独特优势。例如，阿里巴巴推出的AI设计工具鹿班虽然能辅助设计，但创意指导仍依赖人类。跨学科思维也尤为重要，它能帮助我们将不同领域的专业知识整合起来，解决复杂的问题。这一点也是人类的优势。

二、深耕专业领域，打造"护城河"

"护城河"是巴菲特提出的商业概念，指企业为了保持竞争优势而建立的壁垒。打造个人的"护城河"也同样重要，尤其是在AI快速发展的今天。

1. 培养AI协作能力

掌握AI数据分析、自动化工具应用是未来职场的关键。例如，记者用AI辅助采访，设计师用AI生成概念图，医生用AI辅助诊断。

2. 深耕专业领域，提升不可替代性

在医疗、法律等高门槛行业，专业背景和实践经验仍然是核心竞争力。例如，AI可以分析医学影像，但最终的诊断和治疗方案仍依赖医生的专业判断。根据《自然》杂志（Nature）的报道，AI在医疗领域的应用已经将某些疾病的诊断准确率提高了30%以上。

3. 跨领域能力与资源整合

未来的职场需要跨学科人才，能够整合资源、协调团队。例如，马斯克既懂工程又懂商业，才能成功打造特斯拉和SpaceX。这种跨领域能力将成为个人竞争力的重要组成部分。

三、关注AI无法替代的软技能，坚持长期主义

长期主义者才是最终的赢家。

——查理·芒格

1. AI无法替代的软技能

在AI飞速发展的今天，软技能——如同理心、创造性思维与沟通表达能力，已成为不可被机器替代的核心竞争力。以心理咨询为例，虽然AI可以辅助诊断，但唯有人类才能真正实现情感共鸣与深层次的理解。根据相关部门的未来就业趋势报告，到2025年，中国将新增2000万个AI相关岗位，其中对社会情感技能的需求显著增长。例如，"简单心理"平台的咨询师通过深度倾听与个性化建议，成功帮助客户解决复杂的情感困扰，这种深入人心的理解与沟通能力远非AI算法所能及。

2.坚持长期主义，深耕专业领域

短期来看，AI能够大幅提升工作效率，但真正的竞争优势源于长期深度学习与核心技能的积累。以编程领域为例，尽管AI可快速生成代码，但卓越的程序员必须掌握背后的算法逻辑与深层的业务需求。阿里巴巴的工程师们不仅使用AI工具，更致力于持续钻研算法优化与系统架构设计，进而保持技术领先地位。正如高瓴资本创始人张磊在著作《价值》中所言："在长期主义之路上，与伟大格局观者同行，做时间的朋友。"数据分析领域亦如此，具备扎实统计学知识和敏锐商业洞察力的分析师，远比单纯依赖AI工具的人更具持久竞争力。

3.持续学习，紧跟技术前沿

AI技术迭代速度极快，拥有终身学习的心态成为关键竞争优势。以程序员为例，越来越多的开发者主动学习AI编程提升个人市场价值。比如，国内开源社区码云（Gitee）的开发者们积极掌握最新的框架和工具，始终保持与技术前沿接轨。再如百度的阿波罗（Apollo）自动驾驶团队，通过不断学习先进算法和传感器技术，实现自动驾驶技术的高速发展。

4.关注AI带来的行业变革，提前布局

提前洞察AI技术在行业内的应用趋势，对职业规划至关重要。例如，法律行业的未来人才不仅需要扎实的法律基础，还需熟练掌握AI合同审查技术。国内某大型律师事务所引入AI工具后，合同审查效率提升了30%。又如，根据《中国AI医疗产业研究报告》显示，AI在医疗影像诊断领域的准确率已超过90%，腾讯觅影正是通过AI辅助诊断技术，帮助医生制定更精准的治疗方案。然而，真正的医疗决策依然依赖医生不可替代的临床经验与判断力。

时代在变，技术在进步，但真正的胜利属于那些拥有AI无法替代的

技能，并善于深耕长期价值的人。

结语：成为AI时代的"超级个体"

马云曾说：未来不是技术的竞争，而是智慧的竞争，是体验的竞争，是服务别人能力的竞争。真正的竞争力不在于与AI对抗，而在于如何借助AI放大自身优势，创造价值，提升认知能力。未来属于那些能够与AI协同共生、不断学习进化的"超级个体"。

AI不会取代你，但它会取代那些拒绝学习、无法驾驭AI的人。你的核心竞争力，不是技术本身，而是如何利用技术，将其融入个人智慧，创造独特价值。通过提升AI素养、深耕专业领域、培养软技能，并保持终身学习的态度，我们可以在与AI共生时代立于不败之地。

AI的崛起不仅是一场技术革命，更是一场深刻影响社会、经济与个体发展的时代巨变。在这股浪潮中，我们不能是被动的使用者，而要成为AI的引导者、创新者和责任承担者。唯有掌握AI时代的核心能力，才能主动拥抱变革，而非被时代裹挟，被动适应。

未来已来，愿你成为AI时代的"超级个体"，以智慧为舵，乘风破浪！

后 记

浪潮之下，携手前行

我裸辞读博时，AIGC还没真正走进大众视野，国内更是鲜有人专门研究或教授这一领域。直到我博二的时候，GPT的崛起才引发广泛关注，我才终于可以清晰地向大家解释：我在研究什么。也正是借助这一契机，我开始教授AI应用课程，尝试将AI的潜力带入更多人的学习与工作之中。

在这个过程中，我由衷感谢我的导师萨米尔·库马尔（Sameer Kumar）教授，他长期深耕技术对社交的影响，并在我犹豫不前时告诉我："如果你想做一件事，那么永远都不算晚。"我还要感谢李景怡博士，她无数次在我想放弃的时候把我骂醒，在我也听不懂很多术语的时候帮我翻译，"逼"着我努力走到今天。

因此，当策划编辑王远哲老师找到我，希望我撰写这本书时，我曾一度犹豫，觉得自己或许还过于年轻，业内有太多比我更有声望、更具阅历的专家。然而，在王远哲老师和朱子叶老师的鼓励下，我决定尽我所能，分享自己的研究心得与教学经验。除了撰写内容外，他们几乎包揽了所有其他工作，经常熬夜讨论如何让这本书的呈现更具实用性、更易于理解。当然，由于撰写时间紧迫，书中难免仍有疏漏和不足，恳请读者与专业人士不吝指正。

我们的初心，是希望帮助大家在这股浪潮中找到方向。我们希望用最简单通俗的语言，让你快速对AI有一个基本的认知，并快速掌握AI的实战用法，让技术不再是遥不可及的概念，而是切实可用的工具。毕竟，AI再先进，为我们所用才是关键。

因此，在书中，我们不仅介绍了AI的基本概念，还结合了多个场景的应用实践，并深入解析了提示词在不同任务中的核心作用。希望这些内容能帮助你快速上手，让AI真正好用。

当然，AI的演进仍在继续，新技术、新工具、新模型层出不穷。如果你有更专业化的需求，或希望了解最新的AI发展动向，欢迎在未来与我们交流。期待在新的技术浪潮中，我们能共同探讨、分享、成长。

本书的完成离不开许多朋友的支持与帮助。特别感谢宋晨希老师，他从头到尾细致审阅，标注了所有可能需要解释的专业术语，并给予我诸多宝贵建议和鼓励，他似乎比我自己更坚定地相信，我能够做好。杨琪每天都要搜集最新案例，查阅所有截至定稿前的相关报道，使本书内容更加具体、翔实，便于大家理解。

除此之外，还有苏晓庆、吕小倩等许多给予我支持和帮助的朋友，在这里就不一一列举了。我始终相信，当你渴望改变，并愿意为之付诸行动时，命运自会安排那些最重要的人出现在你的身边，给予你前行的力量。

AI会成为你最得力的伙伴，让我们拥抱AI，一起大步向前吧！

附录 1

AI 世界趣味辞典

这本趣味辞典让你轻松理解关键术语，是不是比冷冰冰的技术文档更有趣？快收藏，随时查阅，AI世界不迷路！

1. AI 核心概念和发展趋势

英文及简写	中文解释	注释	趣解
1.1 AI 核心概念			
Artificial Intelligence (AI)	人工智能	指由人制造出来的机器所表现出的智能，通常通过计算机系统模拟人类的思维和行为，包括学习、推理、问题解决和感知等能力	让机器变聪明，能聊天、画画、玩游戏，甚至写小说，成为真正的"全能选手"
Artificial General Intelligence (AGI)	通用人工智能	指具备与人类相当或超越人类的广泛认知能力的人工智能，能够在各种任务和环境中灵活应用	AI的终极形态，像《钢铁侠》里的贾维斯一样，能应对各种任务，不再是个"专才"而是"全才"
AI Alignment	人工智能对齐	研究如何确保人工智能系统的目标与人类价值观和利益一致，以避免潜在的危害	确保AI按照人类的价值观行事，不"叛变"，不会哪天突然决定统治世界

续表

英文及简写	中文解释	注释	趣解
AI Safety	人工智能安全	研究如何防止人工智能系统在运行过程中产生意外或有害的行为，确保其安全性和可控性	研究如何让 AI 既聪明又听话，避免变成"失控的终结者"
AI Governance	人工智能治理	指对人工智能技术的开发、部署和使用进行规范和管理的框架，旨在确保其符合社会和法律的要求	给 AI 定规则，防止它成为无法无天的科技狂魔
AI Singularity	人工智能奇点	指人工智能超越人类智能的临界点，可能导致技术发展迅速加速，超出人类控制或理解的范围	AI 智商碾压人类的那一天，人类开启的是躺平时代，还是终结倒计时？
AI Winter	人工智能寒冬	指人工智能研究和发展经历的低谷期，通常由于技术瓶颈、资金不足或社会期望过高导致	AI 的"失宠期"，投资人不再买账，研究进展放缓，整个行业像被冻住了一样
AI Benchmarking	人工智能基准测试	通过标准化测试评估人工智能系统的性能，以比较不同模型或算法的优劣	AI 的"跑分大赛"，看看哪个AI更聪明、更厉害
AI Democratization	人工智能民主化	指降低人工智能技术的使用门槛，使更多人和组织能够轻松获取和应用人工智能工具	让 AI 不再是科技巨头的"独享特权"，让每个人都能玩得起
1.2 伦理、监管与社会影响			
AI Ethics	人工智能伦理	探讨人工智能在设计、开发和应用过程中涉及的道德问题，如公平性、透明性和责任归属等	让AI学会当"好人"，"做好事"，避免 AI 在应用过程中出现歧视、欺骗、作恶等问题
Algorithmic Bias	算法偏见	指算法在决策过程中由于数据或设计问题导致的偏见，可能对某些群体产生不公平的影响	AI 也会"带节奏"？如果训练数据有偏见，它也会跟着"学坏"
Algorithmic Fairness	算法公平性	研究如何确保算法在决策过程中对所有群体公平，避免歧视和不公正的结果	让 AI 公平对待所有人，不管你是谁，都不会被"数据歧视"

续表

英文及简写	中文解释	注释	趣解
Bias in AI	人工智能中的偏见	指人工智能系统在训练或运行过程中由于数据或模型问题导致的偏见，可能会影响其决策的公正性	AI"见多"未必"识广"，数据偏差可能让它误判，比如以为程序员都是男的
Data Privacy	数据隐私	指在数据收集、存储和使用过程中保护个人隐私的权利，以防止数据被滥用或泄露	别让AI"偷看"你的私人信息，数据安全是重中之重
AI Regulation	人工智能法规	指政府对人工智能技术的开发和应用制定的法律和规范，旨在确保其安全、公平和透明	给AI戴上法律的"紧箍咒"，不然它太自由了，可能惹祸
Content Moderation	内容审核	指通过人工或自动化手段对互联网内容进行审查和管理，以防止有害或违法信息的传播	AI变身"网络警察"，过滤不当内容，让互联网更安全
AI Transparency	人工智能透明度	指人工智能系统的决策过程和逻辑能够被人类理解和解释，避免"黑箱"操作	AI决策不能是"黑箱操作"，得让大家知道它是怎么想的
AI Accountability	人工智能责任	指在人工智能系统出现问题时，明确责任归属并采取相应的纠正措施	AI如果搞砸了，谁来背锅？这事得说清楚
AI Copyright Issues	人工智能版权问题	指由人工智能生成的内容（如文本、图像、音乐等）涉及的版权归属和法律问题	AI画的画、写的诗，版权归谁？这个问题越来越烧脑
AI Misinformation	人工智能生成虚假信息	指通过人工智能技术生成虚假的或有误导性的信息，这可能对社会造成负面影响	AI一本正经地胡说八道，假新闻、假图片层出不穷
AI Surveillance	人工智能监控	指利用人工智能技术对个人或群体进行监控和分析，可能涉及隐私和伦理问题	AI变身"千里眼"，随时随地监控世界，隐私保护"压力山大"
AI Job Displacement	人工智能导致的岗位替代	指人工智能技术的应用导致某些工作岗位被自动化取代，这种变化会引发就业问题	AI来了，抢了谁的饭碗？哪些工作会被取代？哪些工作还能继续？

续表

英文及简写	中文解释	注释	趣解
	1.3 新兴 AI 发展趋势		
AI Agent	人工智能代理	指能够自主执行任务或与人类交互的人工智能系统，通常具备学习和适应能力	AI 的"自动驾驶"模式，能自主执行任务，不用人类时刻盯着
AI in Metaverse	人工智能在元宇宙中的应用	指利用人工智能技术增强元宇宙中的虚拟体验，如虚拟人物、场景生成和交互系统等	让 AI 在虚拟世界里打工，操控虚拟人物、管理虚拟空间，打造更真实的元宇宙
AI for Sustainability	人工智能促进可持续发展	指利用人工智能技术解决环境、社会和经济领域的可持续发展问题，如能源优化和资源管理	AI 也能为环保出力？从智能电网到气候监测，它能帮忙减少碳足迹
AI-Powered Robotics	人工智能驱动型机器人技术	指通过人工智能技术增强机器人感知、决策、学习和自主执行能力的交叉领域	让机器人变聪明，从扫地机到机械臂，AI 帮它们更高效地工作
AI in Space Exploration	人工智能在太空探索中的应用	指利用人工智能技术辅助太空任务，如行星探测、数据分析、任务规划等	AI 去太空当"宇航员"，帮人类探索宇宙奥秘
AI for Social Good	人工智能促进社会公益	指利用人工智能技术解决社会问题，如医疗、教育和贫困等，以促进社会公平和福祉	AI 也有"善良的一面"，它可以用于医疗、教育、救灾，造福社会
Quantum Machine Learning	量子机器学习	指结合量子计算和机器学习的技术，旨在利用量子计算的并行性和高效性加速完成机器学习任务	量子计算 +AI，计算力"狂飙"，未来或许能秒杀所有经典计算机
Neuromorphic Computing	神经形态计算	指模仿生物神经系统结构和功能的计算模型，旨在实现更高效更智能的计算系统	模仿人脑工作方式，让计算机更快、更节能，甚至更像人

2.AI 技术与模型

英文及简写	中文解释	注释	趣解
\multicolumn{4}{c}{2.1 机器学习与深度学习}			
Machine Learning (ML)	机器学习	指通过数据训练模型，使计算机系统能够自动学习和改进性能，而无须显式编程	让AI变成学霸，通过数据自己悟出规律，而不是靠程序员把手教
Supervised Learning	监督学习	指通过标注数据训练模型，使其能够预测新的输入数据的输出结果	就像带AI上补习班，给它标准答案让它"死记硬背"，之后通过训练让它举一反三
Unsupervised Learning	无监督学习	指通过未标注数据训练模型，使其能够发现数据中的潜在结构和模式	让AI自己"蒙眼摸象"，从一堆杂乱无章的数据里找到隐藏的模式
Reinforcement Learning	强化学习	指通过试错和奖励机制训练模型，使其能够在动态环境中做出最优决策	让AI像玩游戏一样试错，赢了有奖励，输了有惩罚，直到练成高手
Transfer Learning	迁移学习	指将在一个任务中学到的知识应用到另一个相关任务中，以提高学习效率和性能	AI的"举一反三"技能，比如学会猫的识别后，立刻能认出老虎
Federated Learning	联邦学习	指在分布式设备上训练模型，同时保护数据隐私，避免数据集中存储和传输	让多个设备各自训练AI，不共享数据，但共享"经验"，像开小组讨论会
Zero-Shot Learning	零样本学习	指模型在没有见过某类样本的情况下，能够识别或处理该类样本	AI没见过这道题，但还能推理出答案，就像靠常识蒙对了一样
Few-Shot Learning	小样本学习	指模型在仅见过少量样本的情况下，能够快速学习和适应新任务	只给AI看几个例子，它就能学会新任务，比"死记硬背"更高效

续表

英文及简写	中文解释	注释	趣解
Self-Supervised Learning	自监督学习	指模型通过从未标注数据中自动生成标签进行训练，以减少对人工标注数据的依赖	AI自学成才，自己出题、自己答题，简直是"学霸中的学霸"
2.2 计算机视觉与自然语言处理			
Computer Vision (CV)	计算机视觉	指通过计算机系统分析和理解图像或视频数据的技术，包括目标检测、图像分类和场景理解等	让AI拥有"千里眼"，能识别人脸、看懂照片，甚至检测缺陷
Natural Language Processing (NLP)	自然语言处理	指通过计算机系统处理和理解人类语言的技术，包括文本分析、机器翻译和情感分析等	让AI变成"语言大师"，能读、能写、能翻译，还能跟人聊天
Contrastive Language-Image Pre-training (CLIP)	对比语言-图像预训练	指一种多模态模型，能够同时理解图像和文本，并在两者之间建立联系	AI同时理解文字和图片，比如看到"猫"的照片，立刻知道是猫
Transformer	变换器	指一种基于自注意力机制的深度学习模型，广泛应用于自然语言处理和计算机视觉任务	AI的大脑引擎，能高效处理语言，像ChatGPT这样的AI全靠它支撑
2.3 生成式AI与多模态AI			
Generative AI	生成式人工智能	指能够生成新内容（如文本、图像、音频等）的人工智能技术，通常基于深度学习模型	AI变身创意大师，能写小说、作曲、画画，甚至编段子
Text-to-Image	文本生成图像	指根据文本描述生成对应图像的技术，通常基于生成对抗网络或扩散模型	让AI把文字变成图片，比如你说"赛博朋克风的猫"，它就画了出来
Text-to-Video	文本生成视频	指根据文本描述生成对应视频的技术，通常结合计算机视觉和自然语言处理技术	让AI把文字变成短片，比如你输入"宇航员跳舞"，它就给你生成一段太空迪斯科

续表

英文及简写	中文解释	注释	趣解
Text-to-Speech (TTS)	文本生成语音	指将文本转换为自然语音的技术，通常基于深度神经网络	让AI开口说话，有了这项技术AI能模仿各种声音，配音、播报样样行
Speech-to-Text (STT)	语音生成文本	指将语音转换为文本的技术，通常用于语音识别和转录任务	AI的"速记技能"，把你说的话精准转换成文字，解放双手
Generative Adversarial Network (GAN)	生成对抗网络	指一种由生成器和判别器组成的深度学习模型，通过对抗训练生成高质量的数据	AI的"创意擂台"，两个AI互相较劲，一个画画，一个挑刺，最终让作品越来越真实
StyleGAN	风格生成对抗网络	指一种改进的生成对抗网络，能够生成高质量且具有可控风格的图像	AI的"化妆术"，能生成超真实的人脸，甚至能创造全新的艺术风格
Stable Diffusion	稳定扩散模型	指一种基于扩散过程的生成模型，能够生成高质量的图像和视频	AI的"自由创作引擎"，能把简单的描述变成高质量的艺术作品
DALL-E	—	指一种基于变换器的文本生成图像模型，能够根据文本描述生成高质量的图像	OpenAI出品的AI画家，给它一句话，它就能画出你脑海中的画面
Diffusion Models	扩散模型	指一种通过逐步去噪生成数据的深度学习模型，广泛应用于图像和视频生成任务	AI的"想象力升级器"，通过不断优化，生成越来越逼真的图像
2.4 大模型			
Large Language Model (LLM)	大语言模型	指一种基于海量文本数据训练的深度学习模型，能够理解和生成自然语言文本	AI的大脑库，能记住海量知识，进行对话、写作，甚至考高分
Generative Pre-trained Transformer (GPT)	生成式预训练变换器	指一种基于变换器架构的大语言模型，能够生成高质量的自然语言文本	AI界的"聊天大师"，可以生成各种风格的文本，ChatGPT的幕后功臣

229

续表

英文及简写	中文解释	注释	趣解
GPT-4	—	指 OpenAI 开发的第四代生成式预训练变换器模型，具备更强的语言理解和生成能力	ChatGPT 的最新升级版，智商爆表，连做数学题和写代码的能力都更上一层楼
Large Language Model Meta AI (LLaMA)	—	指 Meta 公司开发的大语言模型，旨在提供高效且可扩展的自然语言处理能力	Meta 家的大模型，主打开源，给 AI 研究者提供一大堆"玩具"
Pathways Language Model (PaLM)	路径语言模型	指 Google 开发的大语言模型，旨在通过多任务学习提高模型的通用性和性能	Google 的大脑级 AI，擅长复杂推理、逻辑分析，号称"更聪明、更强大"
BigScience Large Open-science Open-access Multilingual Language Model (BLOOM)	—	指由 BigScience 项目开发的多语言大语言模型，旨在促进开放科学和多语言自然语言处理研究	由全球科学家联合开发的 AI 多语言大模型，让 AI 说"世界语"
Text-To-Text Transfer Transformer (T5)	文本到文本转换变换器	指一种基于变换器的通用文本处理模型，能够将各种自然语言任务统一为文本到文本的转换任务	AI 的"万能翻译器"，能把任何输入都转换成文本输出，比如总结、翻译、问答
2.5 AI 框架与工具			
LangChain	—	指一种用于构建大语言模型应用的框架，支持链式调用和模块化设计	AI 的"积木搭建器"，让开发者能轻松组合出不同 AI 模型，搭出强大的应用
Hugging Face Transformers	Hugging Face 变换器库	指一个开源的自然语言处理工具库，提供预训练模型和便捷的 API，支持多种语言任务	AI 界的"百宝箱"，提供各种预训练模型，让开发者随取随用

续表

英文及简写	中文解释	注释	趣解
TensorFlow	—	指由 Google 开发的开源机器学习框架，支持深度学习模型的构建和训练	Google 打造的 AI"体操房"，让研究者训练、部署 AI 模型，打造更强智能体
PyTorch	—	指由 Facebook 开发的开源机器学习框架，以动态计算图和易用性著称，广泛应用于研究和生产环境	Meta 打造的 AI"训练场"，灵活、易用，深受科研人员和工程师喜爱

3.AI生态与行业

英文及简写	中文解释	注释	趣解
3.1 AI 硬件与基础设施			
Edge AI	边缘人工智能	指在边缘设备（如智能手机、传感器）上运行的人工智能技术，能够实时处理数据并减少对云端的依赖	让 AI 直接在你的手机、智能手表等设备上动脑子，而不是每次都问云端要答案，既快又省电
AI Chips	人工智能芯片	指专门为人工智能任务设计的硬件芯片，能够高效执行深度学习和其他计算任务	AI 的"大脑升级包"，专门为 AI 计算打造的芯片，让它跑得更快、算得更多
AI Hardware	人工智能硬件	指支持人工智能技术运行的硬件设备，包括 GPU、TPU 和专用 AI 芯片等	AI 的"健身房设备"，从智能音箱到超级计算机，都是让 AI 更强的"硬件外挂"
3.2 AI 在行业中的应用			
Autonomous Driving	自动驾驶	指利用人工智能技术实现车辆自主驾驶的系统，包括感知、决策和控制等功能	AI 当司机，负责转向、刹车、超车，让你在路上可以更轻松
Chatbot	聊天机器人	指通过自然语言处理技术与用户进行交互的人工智能程序，通常用于客服、娱乐和信息查询等场景	AI 的"话痨模式"，能陪聊、解答问题，还能帮你写论文（但不保证全对）

续表

英文及简写	中文解释	注释	趣解
Voice Assistant	语音助手	指通过语音识别和自然语言处理技术与用户进行交互的人工智能程序，如 Siri、Alexa 等	听话的"AI小助手"，喊它一声，它就能播放音乐、查天气，甚至给你讲笑话
Recommendation System	推荐系统	指利用人工智能技术分析用户行为和偏好，为用户推荐个性化内容（如电影、商品等）的系统	贴心的"AI闺密"，精准推荐你可能喜欢的电影、音乐、商品，让你一刷就停不下来
Application Programming Interface (API)	应用程序编程接口	指软件系统提供的接口，允许开发者调用其功能或数据，通常用于集成不同系统或服务	让不同AI"对话"的桥梁，就像语言不通的人用翻译软件沟通一样
Virtual Streamer	虚拟主播	指通过人工智能技术生成的虚拟人物，能够实时进行直播或与观众互动	AI变身网红主播，既不会累，也不会翻车，还能随时换造型，堪称"直播界的永动机"
Virtual Influencer	虚拟偶像	指通过人工智能技术生成的虚拟偶像，能够在社交媒体上发布内容并与粉丝互动	AI打造的虚拟偶像，不会塌房，不用睡觉，还能365天不间断营业，比真人更敬业
Midjourney (MJ)	—	指一种基于生成对抗网络的文本生成图像工具，能够根据用户描述生成艺术风格的图像	一个专门为艺术家们准备的AI绘画神器，帮你实现无限创意
DeepSeek	深度求索	指一种基于人工智能的搜索工具，能够快速定位和分析目标信息	AI版"福尔摩斯"，更聪明的搜索引擎，帮你精准找到想要的信息
Kimi	Kimi聊天机器人	指一种基于人工智能的聊天机器人或语音助手，能够与用户进行自然语言交互	AI版聊天好伙伴，既能陪聊又能帮你整理资料，比"AI小助理"更智能

续表

英文及简写	中文解释	注释	趣解
AI Writing Assistant	人工智能写作助手	指利用人工智能技术辅助用户生成文本内容的工具，如文章写作、邮件撰写等	AI版"文案高手"，写论文、编剧本、起标题，哪怕是朋友圈文案它都能搞定
AI Video Editing	人工智能视频编辑	指利用人工智能技术自动或半自动地编辑视频，如剪辑、特效添加和字幕生成等	让AI帮你剪视频，自动加字幕、配乐，剪辑小白也能轻松出大片
AI Voice Cloning	人工智能语音克隆	指利用人工智能技术生成与特定人物声音相似的语音，通常用于语音合成和虚拟助手等场景	让AI模仿你的声音，甚至能"复刻"名人嗓音，堪称配音神器
Synthetic Media	合成媒体	指通过人工智能技术生成的媒体内容，包括图像、视频、音频等，通常用于娱乐、广告和教育等领域	AI创作的数字内容，从打造虚拟人到创作个性化视频，无所不能，甚至让已故明星"复活"出演新电影
Deepfake Detection	深度伪造检测	指利用人工智能技术检测和识别深度伪造内容（如伪造视频或音频），以防止虚假信息的传播	让AI防AI，利用AI识破AI伪造的假视频、假音频，防止被骗
AI Art	人工智能艺术	指利用人工智能技术生成的艺术作品，包括绘画、音乐和雕塑等，通常结合生成式AI技术	AI的"毕加索模式"，输入一句话，它就能画出梦幻般的艺术作品
AI Music	人工智能音乐	指利用人工智能技术生成的音乐作品，包括作曲、编曲和演奏等，通常基于深度学习模型	AI变身音乐制作人，自动作曲、编曲，甚至能模仿贝多芬的曲风
3.3 主要AI企业与组织			
OpenAI	—	这是一家致力于人工智能研究和开发的公司，旨在确保人工智能技术造福全人类	AI界的"复仇者联盟"，打造了ChatGPT、DALL-E，推动AI走进大众生活

233

续表

英文及简写	中文解释	注释	趣解
DeepMind	—	这是一家专注于人工智能研究的公司,以其在深度学习和强化学习领域的突破性成果闻名	AI科学家的天堂,开发了AlphaGo、AlphaFold,让AI能下棋、破解生物奥秘
Anthropic	—	这是一家专注于人工智能安全和伦理研究的公司,旨在开发对人类有益的人工智能技术	专注AI安全的研究机构,打造了Claude模型,致力于让AI"更靠谱"
Cohere	—	这是一家专注于自然语言处理技术的公司,提供基于大语言模型的文本分析和生成工具	AI企业级服务商,专攻大模型应用,帮企业实现AI落地
Hugging Face	—	这是一家专注于自然语言处理技术的公司,提供开源的大语言模型和工具库	AI界的"开源宝库",提供各种预训练模型,开发者的最爱
Microsoft AI	微软人工智能	微软公司的人工智能研究和开发部门,提供多种人工智能产品和服务	AI界的巨头之一,投资OpenAI,把AI塞进Word、Excel,让工作更轻松

附录 2

DeepSeek 王炸组合

组合工具	主要作用	应用场景
DeepSeek + Kimi	结合 Kimi 的自然语言处理能力，提升文本生成、对话交互和内容创作的效率	智能客服、文案创作、知识问答等
DeepSeek + Cline	利用 Cline 的数据分析能力，增强商业智能和决策支持	市场分析、用户行为预测、数据可视化等
DeepSeek+Neo4j	DeepSeek 用于知识图谱构建与推理，Neo4j 用于图谱数据存储与查询	金融风控、社交网络分析等
DeepSeek + 剪映	结合剪映的视频编辑功能，实现智能视频剪辑、字幕生成和内容优化	短视频制作、广告创意、教育培训等
DeepSeek + Midjourney	利用 Midjourney 的图像生成能力，结合 DeepSeek 的创意策划，打造高质量视觉内容	广告设计、游戏开发、艺术创作等
DeepSeek + Notion	结合 Notion 的笔记和项目管理功能，提升知识管理和团队协作效率	团队协作、知识库搭建、任务管理等

续表

组合工具	主要作用	应用场景
DeepSeek + Otter	利用 Otter 的语音转文字技术，增强会议记录和语音分析能力	会议记录、语音笔记、内容整理等
DeepSeek + 即梦	结合即梦的虚拟现实技术，打造沉浸式交互体验	虚拟会议、教育培训、娱乐体验等
DeepSeek + Photoshop（PS）	利用 Photoshop 的图像编辑功能，结合 DeepSeek 的创意生成能力，提升设计效率	广告设计、品牌形象、视觉艺术等
DeepSeek + Tripo	利用 Tripo 的 3D 扫描技术，结合 DeepSeek 的创意生成，快速构建 3D 模型	工业设计、虚拟展览、影视制作等
DeepSeek + WPS AI	结合 WPS AI 的智能办公功能，提升文档处理、表格分析和演示文稿制作效率	文档创作、数据分析、演示文稿制作等
DeepSeek + ChatGPT	结合 ChatGPT 的自然语言生成能力，提升对话交互、内容创作和知识问答的表现	智能客服、文案创作、教育培训等
DeepSeek + Grammarly	结合 Grammarly 的语法检查和写作优化功能，提升文本质量和专业性	英文写作、内容审核等
DeepSeek + Canva	结合 Canva 的图形设计功能，快速生成高质量的视觉内容	社交媒体、品牌形象、教育培训等
DeepSeek + Zapier	结合 Zapier 的自动化工作流功能，实现跨平台任务自动化	数据同步、任务管理、营销自动化等
DeepSeek + Hugging Face	结合 Hugging Face 的预训练模型库，提升自然语言处理和机器学习能力	文本分类、情感分析、机器翻译等
DeepSeek + Tableau	结合 Tableau 的数据可视化功能，提升数据分析和展示能力	商业智能、市场分析、财务报告等
DeepSeek + Runway ML	结合 Runway ML 的创意 AI 工具，实现视频编辑、图像生成和艺术创作	视频制作、艺术创作、广告设计等
DeepSeek + Airtable	结合 Airtable 的数据库和项目管理功能，提升团队协作效率	项目管理、客户管理、内容管理等

续表

组合工具	主要作用	应用场景
DeepSeek + Luminar AI	结合 Luminar AI 的图像编辑功能，实现智能修图和照片优化	摄影后期、广告设计、社交媒体等
DeepSeek + Descript	结合 Descript 的音频和视频编辑功能，提升多媒体内容制作效率	播客制作、视频剪辑、教育培训等
DeepSeek + Jasper AI	结合 Jasper AI 的文案生成能力，提升内容创作效率和质量	广告文案、博客写作、产品描述等

主要示例：

一、DeepSeek+Kimi快速生成PPT

PPT不管是在工作中还是在学习中都是刚需。这里我们介绍如何利用DeepSeek生成PPT大纲，并借助Kimi一键转换为精美PPT。

第一步：使用DeepSeek生成PPT大纲

1. 访问 DeepSeek 官网，进入对话界面。

2. 输入以下指令：

"请用 Markdown 格式生成一份关于 AI 发展历程的 PPT 大纲，需包含封面、目录、3 个核心章节、总结页，要求语言简洁专业，同时需数据支撑。"

3. 复制 DeepSeek 生成的 Markdown 大纲，作为后续 PPT 制作的基础。

DeepSeek 生成示例：
AI 发展历程 PPT 结构

封面
　标题：AI 发展历程与技术演进
　副标题：1950—2024：从图灵测试到生成式 AI
目录
1. 奠基阶段（1950—1980）
2. 转折突破（1990—2010）
3. 爆发增长（2012—2024）
4. 未来展望

第一章：奠基阶段（1950—1980）
里程碑事件
　1950 年：图灵测试提出，开启 AI 研究。
　1956 年：达特茅斯会议确立 AI 概念，正式开启 AI 时代。
　1966 年：ELIZA（人工智能软件伊丽莎）诞生，奠定 NLP 研究基础。
　1974 年：AI 遭遇"寒冬"，研究资金锐减。
技术瓶颈
　计算能力不足［仅 0.001 GFLOPS（每秒进行十几次浮点运算）］。
　资金投入有限（年均 2000 万美元）。

第二章：转折突破（1990—2010）
技术驱动
　1997 年：Deep Blue 战胜国际象棋世界冠军。
　2006 年：Hinton 提出深度学习概念，AI 迎来新纪元。
算力升级
　GPU 性能从 0.01 TFLOPS（每秒能执行的浮点运算次数）（1999）提升至 515 GFLOPS（2010）。
产业应用
　AI 相关专利 10 年内增长 340%。
　语音识别错误率从 45% 下降至 23%。

第三章：爆发增长（2012—2024）
深度学习爆发
　2012 年：AlexNet 在 ImageNet 竞赛夺冠，推动 AI 主流化。
　2024 年：GPT-4 训练参数突破 1.8 万亿。
数据与算力提升
　AI 训练数据从 2012 年 2.8 EB（艾字节，计算机存储容量单位）增长至 2024 年 120 ZB（泽字节，计算机存储容量单位）。
　算力从 5.6 TFLOPS（2012）跃升至 624 TFLOPS（2024）。

第四章：未来展望
算力需求持续增长
　AI 训练计算需求每 3.4 个月翻倍，超越摩尔定律。

多模态 AI 崛起
　2024 年跨模态模型准确率达 89%。
边缘计算兴起
　2025 年边缘 AI 设备芯片出货量预计超 25 亿片。
社会挑战
　AI 伦理治理仍存短板，73% 企业未建立相关框架。
　AI 自动化预计到 2030 年影响 3.75 亿个就业岗位。

数据来源
技术参数：　IEEE Spectrum、MLCommons
市场数据：　Gartner、IDC、Statista
学术研究：　Nature Machine Intelligence、NeurIPS 会议论文

第二步：利用 Kimi 转换生成 PPT

1. 访问 Kimi 官网 (kimi.ai) 并登录，点击左侧菜单栏的 "Kimi+"，选择 "PPT 助手"。

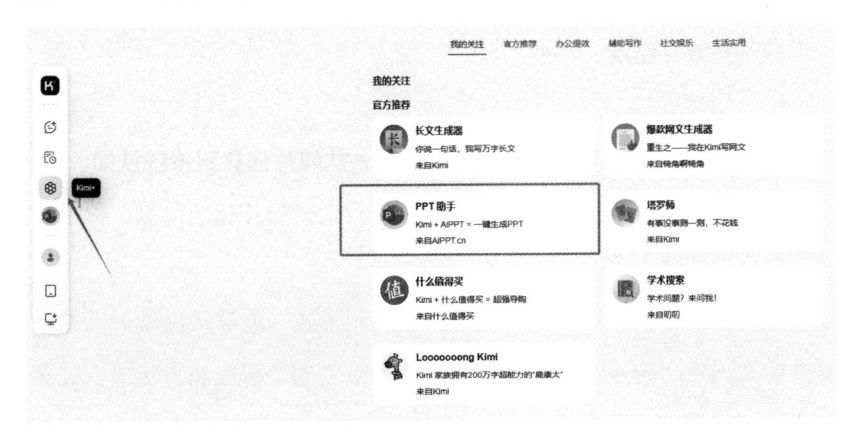

2. 粘贴 DeepSeek 生成的 Markdown 大纲，Kimi 会自动优化内容，使其更具逻辑性和可读性。

3. 点击 "一键生成 PPT"，系统将基于优化内容创建 PPT 结构。

4. 选择合适的 PPT 模板，建议使用科技风格（Kimi 提供商务、科技、教育等多种风格）。

5. 生成 PPT 并预览，确认内容与视觉效果后即可导出。

Kimi 生成示例：

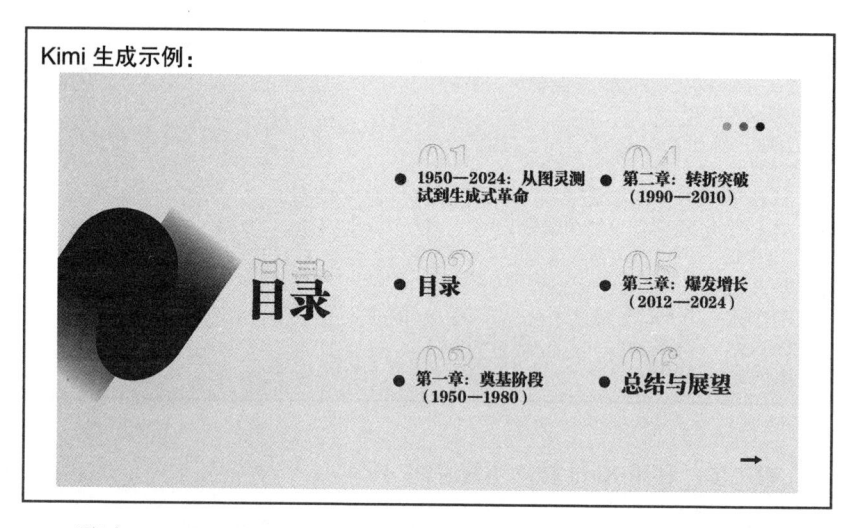

目录
- 1950—2024：从图灵测试到生成式革命
- 第二章：转折突破（1990—2010）
- 目录
- 第三章：爆发增长（2012—2024）
- 第一章：奠基阶段（1950—1980）
- 总结与展望

通过 DeepSeek + Kimi 组合，你可以在 10 分钟内生成一份专业的关于 AI 发展历程的 PPT，省去烦琐的内容整理与格式设计，实现PPT 制作流程的高效、精准、专业。

二、DeepSeek+Neo4j：知识图谱——从碎片信息到系统认知

在信息爆炸的时代，我们每天都在接收大量碎片化的信息，但如何将这些信息转化为系统化的认知？

知识图谱提供了一种结构化的知识表示方式，能够帮助学习者梳理复杂的知识点，构建系统化的认知体系。借助人工智能和自然语言处理技术，知识图谱可以自动从文本中提取关键概念、实体关系，并以可视化的方式呈现出来，极大地提升学习效率。

核心概念解析

·实体：指知识图谱中的核心概念，如"人工智能""自然语言处理"。

·关系：实体之间的关联，如"人工智能包含自然语言处理"。

·属性：描述实体的特性，如"人工智能的关键技术包括深度学习"。

AI 生成知识图谱的实操指南

步骤	操作
1. 上传或输入学习资料	在 DeepSeek 上传教材、论文、课程笔记等学习资料，支持多种文件格式，如 PDF、Word、TXT、Markdown 等
2. 自动概念提取	选择"知识图谱生成"功能，AI 自动识别文本中的关键概念，利用深度学习模型分析概念间的语义关系，构建知识网络
3. 生成知识图谱	AI 自动构建概念之间的逻辑网络，以可视化方式呈现，用户可调整节点布局，手动编辑、添加、删除节点，以优化知识结构
4. 应用与导出	知识图谱可用于个人学习笔记、教学展示或研究分析，支持导出为图片、PDF 或可交互的 HTML 文件，方便共享与使用

虽然 DeepSeek 本身不能直接生成知识图谱，但可以结合其他工具（如 Neo4j、Gephi、yEd 等）来实现这一目标。以下是具体的操作步骤：

第一步：使用 DeepSeek 提取知识信息

1. 准备数据

将需要分析的文本资料（如论文、教材、报告等）整理成文本文件（TXT、PDF、Word 等格式）。

2. 输入指令

在 DeepSeek 中输入以下指令："请从以下文本中提取关键实体、实体之间的关系以及属性，并以结构化格式（如 JSON 或 CSV）输出。"

将整理好的文本粘贴到输入框中，或上传文本文件。

3. 获取输出

DeepSeek 会输出结构化数据，包括实体、关系和属性。例如：

```json
{
  "entities": ["人工智能","深度学习","自然语言处理"],
  "relations": [
    {"source":"人工智能","target":"深度学习","relation":"包含"},
    {"source":"深度学习","target":"自然语言处理","relation":"应用于"}
  ],
  "attributes": [
    {"entity":"人工智能","attribute":"关键技术","value":"机器学习"},
    {"entity":"深度学习","attribute":"典型模型","value":"神经网络"}
  ]
}
```

第二步：使用知识图谱工具构建图谱

方法 1：使用 Neo4j

1. 安装 Neo4j

下载并安装 Neo4j Desktop（社区版免费）。

创建一个新项目并启动数据库。

2. 导入数据

将 DeepSeek 输出的结构化数据（JSON 或 CSV）导入 Neo4j。

使用 Cypher 查询语言创建节点和关系。例如：

```cypher
CREATE (ai:Entity {name: "人工智能"})
CREATE (dl:Entity {name: "深度学习"})
CREATE (nlp:Entity {name: "自然语言处理"})
CREATE (ai)-[: 包含 ]->(dl)
CREATE (dl)-[: 应用于 ]->(nlp)
```

3. 生成可视化图谱

在 Neo4j Browser 中查看生成的知识图谱，调整布局和样式。

制作知识图谱的相关工具推荐：

1. Neo4j：适合需要存储和查询大规模知识图谱的场景。

2. Gephi：适合需要高质量可视化的场景。

3. yEd：适合需要手动编辑和调整图谱的场景。

知识图谱在学习中的实际应用

1. 个人学习：通过AI自动提取教材、讲义中的核心概念，并构建知识网络，帮助学习者将零散知识点归纳到同一知识体系中，提高理解能力，甚至跨学科探索潜在的研究方向。

2. 教育教学：帮助教师快速构建课程知识结构图，提升授课逻辑性。学生可通过可视化知识图谱进行关联探索，加深对概念的理解。

3. 学术研究：AI从论文中提取核心概念，构建研究脉络，帮助研究者发现不同领域之间的关联，拓展研究思路。

知识图谱与AIGC的结合

随着AIGC的发展，知识图谱的构建将更加自动化和智能化。结合大语言模型，我们可以实现：

·自动补全知识图谱：根据已有知识自动生成缺失的概念和关系。

·智能问答：基于知识图谱提供精准的问答服务，提高学习和研究效率。

·多模态知识融合：结合文本、图片、视频等多种形式，实现更全面的知识表示。

知识图谱不仅是信息整理的工具，更是未来智能学习与知识管理的重要支撑。通过AI，我们可以更高效地将碎片化的信息转化为系统的认知，让知识真正为我们所用。下一步，你可以尝试在AI平台上输入自己的学习资料，构建属于你的知识图谱！

附录 3

AIGC 国内常用工具导航

如果有单一方向需求，或 DeepSeek 不稳定，以下导航推荐大家使用。为方便大家查找，我将常用 AIGC 工具分别列入以下场景：

- 通用场景：涵盖日常生活、娱乐、创作等场景的工具。
- 学习场景：聚焦学术研究、论文写作、知识整理等需求。
- 工作场景：针对办公、数据分析、团队协作等场景的工具。

工具类型	名字	主要功能
通用场景		
提示词库	AIPRM	ChatGPT 提示词库
	ChatGPT 引导语	分门别类的提示词大全
	ChatGPT 指令大全	提供丰富的 ChatGPT 使用指令
AI 工具集合	AI 工具导航	汇聚各种 AI 工具入口
	深度网址导航	收录国内外 AI 工具
	SaaS AI Tools	AI 工具与新闻集合
	Futurepedia	AI 工具集合

续表

工具类型	名字	主要功能
AI 对话	DeepSeek Chat	AI 对话工具，支持长上下文和多模态
	Kimi Chat	AI 对话工具，可处理长对话、PPT、学术搜索
	讯飞星火	AI 对话工具
	文心一言	AI 对话工具
	豆包	AI 对话工具
	通义	AI 对话工具
	NewBing 国内镜像	基于 Bing 的 AI 对话工具
	ForeFront AI	支持多模态的 AI 对话工具
AI 图像生成	文心一格	AI 图像生成工具
AI 音乐创作	网易天音	AI 音乐创作平台
笔记与任务管理	Notion AI	集成 AI 的笔记与任务管理工具
办公工具	WPS AI	集成 AI 的办公工具
可视化图表	MyLens AI	支持 AI 图表、计划表
学习场景		
AI 工具箱	课堂派	教育类 AI 工具集合
学术写作	青泥学术	学术写作辅助平台
学术写作	爱写作	学术写作工具
论文排版	论文畅	论文排版工具
文档阅读	ChatDOC	上传文档后快速获取摘要与重点
文档阅读	ChatPDF	基于 ChatGPT 的 PDF 阅读工具
文档阅读	PandaGPT	支持边聊天边阅读文档
工作场景		
PPT 制作	Gamma	AI 生成 PPT，支持一键美化
	Beautiful.ai	智能 PPT 设计工具
	Tome	AI 生成演示文稿（销售侧）

续表

工具类型	名字	主要功能
表格处理	ChatExcel	用对话实现 Excel 复杂操作
	Ajelix	Excel 等表格处理
	Airtable	智能表格与数据库工具
思维导图	MindMeister	AI 辅助生成思维导图,支持团队协作
	Xmind AI	基于 AI 的思维导图生成与优化工具
会议工具	Otter.ai	AI 会议记录与实时转录
	Fireflies.ai	自动记录会议内容并生成摘要
	Zoom AI Companion	Zoom 内置 AI 助手,支持会议摘要与任务管理
效率提升	RescueTime	AI 时间跟踪与效率分析工具
	办公小浣熊	AI 生成 Excel 公式与脚本
	微信智能应答机器人	ChatGPT 微信版

小贴士：

加入本书高质量读者群即可领取电子版资料。

由于AI实用工具会不断更新，电子版将持续为大家提供最新内容和资源。

© 中南博集天卷文化传媒有限公司。本书版权受法律保护。未经权利人许可，任何人不得以任何方式使用本书包括正文、插图、封面、版式等任何部分内容，违者将受到法律制裁。

图书在版编目（CIP）数据

DeepSeek 一本通 / 郭子璇著. -- 长沙：湖南文艺出版社, 2025.3. -- ISBN 978-7-5726-2358-5

Ⅰ. TP18

中国国家版本馆 CIP 数据核字第 20257T09L5 号

上架建议：畅销·科技

DeepSeek YIBENTONG
DeepSeek 一本通

著　　者：郭子璇
出 版 人：陈新文
责任编辑：张子霏
特约顾问：宋晨希
监　　制：王远哲
策划编辑：朱子叶
特约编辑：王成成　张　雪
营销编辑：秋　天
封面设计：利　锐
版式设计：李　洁
内文排版：谢　彬
出　　版：湖南文艺出版社
　　　　　（长沙市雨花区东二环一段 508 号　邮编：410014）
网　　址：www.hnwy.net
印　　刷：三河市天润建兴印务有限公司
经　　销：新华书店
开　　本：680 mm × 955 mm　1/16
字　　数：216 千字
印　　张：17
版　　次：2025 年 3 月第 1 版
印　　次：2025 年 3 月第 1 次印刷
书　　号：ISBN 978-7-5726-2358-5
定　　价：59.80 元

若有质量问题，请致电质量监督电话：010-59096394
团购电话：010-59320018